岭南风土丛书

粤菜万花筒

韩伯泉 著

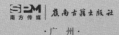

广南古籍出版社

·广州·

图书在版编目（CIP）数据

粤菜万花筒 / 韩伯泉著. -- 广州：岭南古籍出版社，2025. 1. --（岭南风土丛书）. -- ISBN 978-7-80775-014-7

Ⅰ. TS971.202.65-49

中国国家版本馆 CIP 数据核字第 2024P8S915 号

YUECAI WANHUATONG

粤菜万花筒

韩伯泉　著

出 版 人：肖风华

项目策划：柏　峰
项目统筹：张贤明　唐金英
责任编辑：张贤明　麦永全
封面设计：友间文化
责任技编：周星奎

出版发行：岭南古籍出版社
地　　址：广州市越秀区恤孤院路12号（邮政编码：510080）
电　　话：（020）87776449（总编室）　（020）87774479（售书热线）
印　　刷：广东鹏腾宇文化创新有限公司
开　　本：787 mm×1092 mm　1/32
印　　张：5.375　字　　数：110千
版　　次：2025年1月第1版
印　　次：2025年1月第1次印刷
定　　价：36.00元

如发现印装质量问题，影响阅读，请与出版社（020-87778643）联系调换。

目录

一

年节食俗

1 团圆饭、卖懒及其他

广东传统年节的饮食风俗习惯，一般来说与中国其他地方大同小异，特别是与南方其他一些省份基本相同，但也有独特之处。

农历岁末，除夕夜，粤人俗称"年卅晚"。合家团聚欢宴，吃团年饭。开宴之前，要燃放鞭炮，谓之鸣宴。这是一年之中最隆重又最丰盛的晚餐。有道是，一年日做夜做，死揸死悭①，这一餐绝对不能悭。即使是普通人家，都少不了劏鸡杀鸭，炒上八九个菜，欢饮一番。而且宴席上必须有鱼作为压年菜，取其谐音，意为年年有余，图个吉利。在吃团年饭前后，还有各种有趣的民俗活动，诸如卖懒、摇箸筒、摇竹棵等。

卖懒

除夕夜，孩子们每人手拿一只鸡蛋和一炷线香，唱着儿歌："卖懒、卖懒，卖到年卅晚，人懒我不懒"；"卖懒仔，卖懒儿，卖得早，卖俾②广西王大嫂。卖得迟，卖俾广

---

① 悭：节省。
② 俾：给。

西王大姨"；也有这样唱的："卖懒去，等勤来，眉豆锯，菊花圆，今晚齐齐来卖懒，明朝清早拜新年。男人读书勤书卷，女人卖懒绣花枝。明年做年添一岁，从此勤劳不似旧时。"孩子们边唱边走出家门，从村头唱到村尾，一直唱到土地庙，然后把线香插上香炉，回至家门告知父母，说"卖完懒了"，便把鸡蛋分给长辈吃掉，俗称"食懒蛋"。意为把"懒惰卖了"，又把"懒惰虫吃掉了"，来年将会变得勤劳了。此种年节民俗活动，类似江苏、浙江等地的儿童在除夕夜"卖痴"或"卖呆"。广东人向来把"懒"看作是"绝症"，有所谓"懒惰无药医"的说法。因此，旧时广东地区除夕夜"卖懒"和"食懒蛋"之风甚盛。

爆竹声中一岁除

摇箸筒

箸筒就是筷子筒。除夕夜由儿童用手拿一把筷子，轻轻地一上一下摇击着箸筒，发出一阵阵颇有节奏的声音，边摇击，边唱着歌儿："摇箸筒，摇箸筒，箸筒心通交俾我，我把心塞送俾箸筒公。"按此反复多次，最后由家中长辈说"心塞送俾箸筒公啦！"才能停止。接着，由父母送给儿童吃一个用糯米粉制作的"通心丸子"，这一活动才算圆满结束。意为天资迟钝的儿童，从新的一年起就会变得脑巧心灵。此种风俗，实际上也是"卖痴"的另一形式。粤人称"痴呆"为"心塞"，因此广东人将"只懂吃不懂算"称为"食塞心"。"心通"了，人才会变得聪明。可见"摇箸筒"风俗，确有粤地特色。

摇竹棵

凡有孩子的人家，都祈望孩子茁壮成长。如果孩子发育缓慢，长得又夭①又矮，除夕夜，父母就要孩子去"摇竹棵"。这种风俗挺有趣，其做法是：吃了团年饭之后（也有在此之前的），长得矮小的儿童，就悄悄地独自跑到村子附近的竹林里去，选择一棵又高又壮的竹棵②，一边摇一边对着竹棵轻声唱："年卅晚，摇竹棵，竹棵今年高过我，明年我高过竹棵多又多！"就这样反复摇唱数次，然后回家。回到家里，父母立即为孩子送上一块年糕，让孩子吃。意为孩子一年比一年长高长大。

---

① 夭：瘦小。
② 竹棵：即竹子。

2　年晚煎堆

　　说到过年食品，虽然广东各地不尽一样，但家家户户必备的年食，大致上有：年糕、油角、煎堆、糖环、炒米饼、炒米糖、糖金橘、糖莲子、糖马蹄、糖椰子等。广东的煎堆，乃是驰名传统年食。清代李调元在《南越笔记》中记："广州之俗，岁终以烈火爆开糯谷，名曰炮谷，以为煎堆心馅。煎堆者，以糯粉为大小圆，入油煎之，以祀先及馈亲友者也。又以糯饭盘结诸花，入油煎之，名曰米花。以糯粉杂白糖入猪脂煮之，名沙壅。以糯粳相杂炒成米粉，置方圆范中敲击之，使坚如铁石，名白饼。残腊时家家打饼声与捣衣相似，甚可听。"相传唐代已有

煎堆

煎堆，初唐诗人王梵志诗曰："贪他油煎锤，爱若菠萝蜜。""锤"与"堆"音近，故有人说"煎锤"就是"煎堆"。王仁兴《中国年节食俗》："煎堆"是唐代长安的宫廷食品，本作"油锤"，"今日广州'煎堆'，显然是北人南迁的结果"。

春节期间，亲友往来拜年，首先请吃"全盒"（俗称"果盒"）。客人一般吃点糖果、柑橘之类的食品，预示"新年大吉"。

果盒

3 花款多多端午粽

立春，是中国农历二十四节气中的第一个节气。广东有的地方于这天祭祀祖先，并制薄饼，以薄饼、生菜等互相馈食。清明节，割肉劏鸡、蒸制糍粑之类糕点，拜祭祖先，粤人俗称"拜山"。祭品用作宴食。也有联宗结拜祖墓的，拜后举行聚宴，谓之"饮清明酒"。

农历五月初五"端阳节"，广东各地水乡最为热闹。龙舟竞渡（粤人称为"扒龙船""斗龙船"）、食粽子是古老相传之俗。粤地的粽子花式品种特别多，用料也相当考究，独具岭南风味。按其风味而分，有裹蒸粽、咸肉粽、八宝粽、莲蓉粽、豆沙粽、枧水粽、豆沙枧水粽等。粽子馅有咸肉、鸡肉、烧肉、蚝豉、咸蛋、香菇、绿豆、栗子等。油水充足，吃来清香可口。

八宝粽

农历七月十四为盂兰盆节，广东有的地方叫"做七月半"。相传是南北朝梁武帝时始设的佛教节日。粤人也过这个节日，清代屈大均《广东新语》有记："十四祭先祠，历为盂兰会，相饷龙眼、槟榔，曰结圆，潮州则曰结星"。

4　中秋赏月与重阳结缘

农历八月十五中秋节，粤语谓之"庆中秋""竖中秋"。这个传统节日，广东各地的庆祝活动相当隆重。各家酒楼饼家，从农历八月初起便大量推出"中秋月饼"，一直延至节日那一天。广州及广东省内其余各地的月饼丰富多样，品色俱佳，早已饮誉海内外。据《中华全国风俗志》载：广东之月饼，"其味之精美，为各省所无，上海所销售者，亦远不及之"；又云："广州每至八月初间，城中各饼店门前挂一挑凿通花金色之木牌，上刻'中秋月饼'四字……店中陈列之月光饼有圆式者，有方式者，有椭圆式者，有多角式者，大小亦各不同，有大似盘者，有小似碗者。表面用种种颜色，绘花草人物等图，装以玻璃盒或纸盒，甚是美丽，人家多买之赠送亲友。另有一种月饼，因馅之材料不同，分甜肉、咸肉、豆沙、豆蓉、莲蓉、蒜蓉、烧鸡、烧鸭、金腿等种种名目。节前人亦多买之以赠送亲友，名曰送节。迨至中秋节一日，各商店各工厂均皆休息。是日清晨，各家将月饼柚子及各种果品，陈列桌上，焚香燃烛，祭祖礼神。家中大小，互相庆祝，并有到亲友家去庆贺者，名曰拜节。迨至夜间，在天台或后园旷地，陈设方桌，陈列月饼、柚子、炒螺、香芋等，并燃香烛。各妇女向明月礼拜，拜毕，燃放爆竹，并坐明月之下，谈话、欢笑、唱歌、食果饼，并有设筵夜宴者，至深夜月落，才各散去，名曰赏月。亦有在翌夜再宴饮者，名曰追月。"这是对广州地区1922年以前庆中秋景况的描述，虽然时过一个世纪有余了，今天看来其情景基本上仍是如此。

农历九月初九重阳节，俗称"重九"。广东主要习俗是登高、扫墓、放纸鹞、饮酒。而广州人有"九日载花

重阳花糕

重阳节传统糕点

糕莫酒，登五层楼双塔，放响弓鹞"（清屈大均《广东新语》卷九）之俗，当时景象如清末《广州竹枝词》所描写的那样："秋风吹向玉山游，莫酒花糕压担头。流鹞分明声不断，登高人上五层楼。"重阳节在潮汕一带，据说旧日有"结缘"的习俗。何谓"结缘"？即在"重九"期间，亲友邻舍互送食品"油麻丸"。这种食品是以油麻籽、花生碎、砂糖作馅，以糯米粉作皮蒸制而成的糕点。"丸"与"缘"同音，相互馈赠"丸"子，也就是相互结缘之意。人们在节日里互赠这种食物，借以增进人际关系，是很有意思的。

冬至，是中国农历二十四节气之一，又称"冬节"。广东俗谚："冬至大过年。"故唐代刘恂在其《岭表录异》里，有"岭表所重之节，腊一、伏二、冬三、年四"之记述。广东人过"冬节"，除劏鸡杀鸭，制作糕点以祭拜祖宗之外，旧时还有"冬至食鱼生"的习惯。但因这种食俗不合卫生，一度被废止。

5 福星高照九层糕

以上是粤地岁时节日饮食风俗的一般情况，但并非其年节食俗的全部内容。有道是"百里不同风，十里不同俗"，就广东及周边地区的岁时节日食俗而言，即使是同

一食区，由于居住地域和生活条件的差异，其生活习惯也不尽相同，而反映在食俗上则存在着这样那样的差

别。例如，香港人过年所必备的年宵食品，和广州人所喜欢的差不多，多是煎堆、油角、年糕之类。因此，粤港澳一带流行着这样一句顺口溜："年晚煎堆，人有我有。"可是，港人却不爱食糯米制品，过年所蒸的年糕，无论是甜的还是咸的，大多数以粳米粉为主；有时掺入少量糯米粉，但绝少全用糯米粉制造。

栖息在珠江口一带的疍民（水上居民）在年节制作的年糕，纯是用黏米磨成米糊制成。糕分9层，连蒸9次，故名为"九层糕"。这是一种咸食年糕，用黏米糊蒸煮，拌入葱花、芝麻、花生碎、猪肉粒、鸡肉粒，并以五香粉调味，每蒸一层加一层味料，直蒸煮到第九层为止，意为福星高照，长长久久，很符合生活在水上人家的心愿。而生活在西江两岸的肇庆居民，过年则喜爱包裹蒸吃。有道是"除夕浓烟笼紫陌，家家尘甑裹蒸香"（清王士禛《竹枝词》）。

6　惊人的大饼

特别值得一提的还有雷州半岛居民过年所蒸制的年糕。

雷州半岛属湛江市管辖范围，包括徐闻、雷州等市县。雷州半岛居民过年过节制作的年糕种类繁多，最奇特的有"大饼"和"木叶饼"。"大饼"又谓之"大饼年糕"，俗称"大粢"。这种年糕大得惊人，一个大粢足够几十人吃。每只直径2尺左右，厚4至5寸，圆形。制作方法是：先把糯米磨成粉糊，然后加入煮好的红糖水或白糖水，调成稀稠适度的糊浆，便倒注进"粢筐"里加热蒸熟，故又叫"圆笼粢"。大粢蒸好后，待到过年之时就把它摆放在厅堂里，预兆着人寿年丰。吃时，要吃多少，就切下多少。大粢结硬后，可把它切成小块，或煎或煮，任君喜好，香甜可口，饶有风味。

雷州半岛之居民，过年制作的另一种年糕叫"木叶饼"。木叶饼是圆形，直径四五寸，两边均用数片木菠萝（波萝蜜）叶粘住，故谓之"木叶饼"。这种年糕用糯米粉做皮，用椰丝、花生、木瓜、地瓜，加上白糖、虾米、香料等调和做馅。蒸煮熟透之后，可放置十天半个月，春节期间用来招待亲友，其味道也佳。此外还有"菜包饼"、煎堆、油角之类，与广东其他地方的年节食品差不多，无甚可述。

木叶饼

7 "吃生菜会"的妙用

在珠江三角洲南（海）番（禺）顺（德）一带，农历正月还流行"吃生菜会"这种食俗。据顺德民间相传，每年正月二十六子时至亥时，是观音菩萨大开金库，借钱于民，助民致富的时刻。因此每逢这天，前来向观音进香"借钱"的善男信女成千上万。除了来自容奇、桂洲等乡镇的邑人外，还有来自邻近中山、新会、南海等地的，甚至有中国香港、中国澳门，以及新加坡等地的信众赶来朝拜。在此期间，饮食方面以"吃生菜会"最有地方特

生菜包

色。所谓吃生菜会，实际上就是大家聚在一起吃生菜包。生菜包的主要原料是蚬肉、生菜、韭黄，配以其他佐料炒好，然后盛到盆子里备用。吃时将事先洗净的生菜叶铺展开，进食者根据自己的需要，用瓢子舀上适量的蚬肉、韭菜放置在叶子中间，再用叶子轻轻地把放在上面的食料包裹住，便可以吃了。朝拜观音菩萨时吃生菜包，是图个好彩头。生菜包每种原料，都有特定含义：生菜，则取其谐音"生财"；蚬肉含有较重"泥气"，其性湿热。民间认为，如有损手烂肉者，即使痊愈多年，吃了蚬肉都会复发，故迷信者视其为"大发"之物；韭黄，则以"韭"为谐音，即长长久久之意。整个生菜包的含义是：生财、大发、长久。这样说来，似乎有点牵强附会。但此种信俗，自古已然。它正好反映了粤人饮食风俗习惯的心态：通过食物祈求美好生活，追求美好未来的一种强烈愿望。而今，人们还会以"生菜会"这种形式，促进人际关系，开拓城乡和对外经济贸易呢。

二

粤式『口福』

1 三餐必大米

人所共知，广东人三餐皆以大米为主食。这种饮食风俗习惯，是由广东农业耕作以种植水稻为主这一客观条件决定的。

广东地处中国南方，大部分属于亚热带气候区，气候温暖湿润，水源充足，"民以水田为业"（宋王象之《舆地纪胜》卷十一），饭稻羹鱼。所以，粤人自古"以粘为饭，以糯为酒"（清李调元《南越笔记》卷十六）。及至现在，大体上仍是如此。

当今有些城镇，特别是大中城市，如广州、深圳、珠海、汕头、佛山、湛江、韶关等市，生活节奏加快，面制食品增多，面食日趋兴起。但就广东全省而言，绝大多数居民，仍以大米为主，面食为辅，或饭，或粥，或米制之糕点，保持这种传统的饮食习惯。

广东有许多口头禅和俗语，其组词表意都与"米"字有关，如人死了，谓之"不食广东米"；家中增添了一口新人，谓之"加多了一碗米饭"；骂人好食懒做，谓之"蛀米大虫"；讽刺别人办事无能，谓之"食贵米"；批评他人做事不知其危险性，谓之"嫌米贵"（嫌命长）；挖苦人家脑子不开窍，谓之"食馊米"；等等。万变不离其宗，说来道去都离不开"大米"。把"大米"与生老病死、勤劳懒惰、精明愚蠢联系在一起。大米在广东人生活中的重要地位，由此可窥见一斑了。

2 杂食渊源长

粤人杂食早享其名，其食物之杂，实在难以统计。以动物而言，除猪、牛、羊、鸡、鸭、鹅、鱼、虾之外，还有诸如猫、狗、龟、兔、鼠、鳖、猴、螺、蚬、贝、蛇、禾虫等等，难以胜举。"以射生食动而活，虫豸能蠕动者皆取食。"（宋范成大《桂海虞衡志·志蛮》）"南人口食，可谓不择之甚。岭南蚁卵、蜱蛇，皆为珍膳；水鸡、虾蟆，其实一类……又有泥笋者，全类蚯蚓。扩而充之，天下殆无不可食之物。"（明谢肇淛《五杂俎·物部一》）"其饮食之异者，鳅、鳝、蛇、鼠、蜻蜓、蝮、蛟、蝉、蝗、蚁、蛙、土蜂之类以为食，鱼肉等汁暨米汤信宿而生蛆者以为饮。"雷州半岛之居民古时喜食"雷公马"①："雷公马产雷州，可食。故北人每谓雷州人食雷公，其实雷公马也。"（清檀萃《楚庭稗珠录·虫豸类》）据说，古时岭南人喜啖蛇鼠之类，往往易其名而

---

① 雷公马：变色树蜥的俗称。

称之：蛇谓之"茅蟺"，蚕谓之"茅虾"，鼠谓之"家鹿"，蚓谓之"土笋"，确是有趣。

总而言之，粤人向以杂食著称，无毒可入口者，都充分利用，用来烹食。粤人此种食风食俗，在当今提倡保护和禁止滥杀野生动物的情况下，已有极大改变。

3 喜甜不喜辣

粤人喜食甜食，尤以暑天为最。这与粤地盛产蔗糖及天气炎热有关。由于粤人酷爱甜食，故甜味食品特别多，一年四季，广东城乡各地小食店都有甜品供应，诸如绿豆沙、芝麻糊、甜炖蛋、莲子糖水等。

广东甜品

然而，在外地人看来感到奇怪的是，粤人爱吃甜食，并非局限于甜饮料或甜糕点之类的食品，甚至连炒菜、炖肉、煮粥、包粽子都要放糖，否则便说"冇味道"。在日常饮食中，广东人把糖与盐视为同等重要，所以，清代屈大均在他撰写的《广东新语》中，就发出了"广东人饭馔多用糖"的感慨。事实上，如果拿湘菜、黔菜、川菜与粤菜相比较，人们不难发现，前三者重辣，独后者偏甜。据传有这样一个笑话：一次，有四个人同进一间川菜馆吃饭，四人中，一个湖南人，一个四川人，一个贵州人，还有一个是广东人。厨师问：怕辣吗？那个广东人辣得满头大汗，难以启口，只得默默点头。湖南人说：不怕辣。四川人接着道：辣不怕。那位贵州人则补充：怕不辣。

可见习惯了吃甜食的广东人，吃辣度高的川菜当然招架不住。笔者也有体会，有一次赴贵州，有幸参加一次盛宴。宴席之丰盛不必多说了，但是每碟菜都是辣的，而且辣到无法下咽。于是，我只好劳驾服务员为我端来一碗白开水，将菜肴的辣味洗去，才勉为其难地分享到此顿美餐。席间，同僚开玩笑说："'老广'①是糖水泡大的——辣不得！"故"辣不得"，便成了我这位"老广"嗜食甜食的代名词。

---

① 老广：外省人对广东人的戏称。

4 色香味俱美

广东调味以清甜为主，酸辣次之。粤菜的炮制，有蒸、滚、煸、焗、煎、炸、炒、炆、炖、泡、扒、扣、灼等几十种做法，烹调技艺重色彩，讲镬气，求刀法，食味道。因此，粤菜一向追求色、香、味俱美；见之悦目，食之惹味，嚼之爽滑。因而除了选料、刀法、调味之外，对于"镬气"也就非常讲究。炒菜有无镬气，有经验的粤人食客一看便知。过火则烧煳，粤语叫"燶"；不够火候，其味木然，色素不佳，粤语叫"沤熟"。所以，粤菜以"镬气"著称于世。无论是炒菜，或是炒饭、炒粉、炒面，都要热气腾腾，肉的熟度适当，才称得上美味可口。广东广泛流行着这样一句顺口溜："睇①戏睇全套，食嘢②食味道"。所说的内涵大概就是这个意思。

广东是鱼米之乡，水产丰富，粤人不但吃鱼之风甚炽，"宁可一日无肉，不可一餐无鱼"，而且对鱼食的烹调及制法也特别挑剔。比如"蒸鱼"，要求仅熟，如果蒸得过熟，粤语谓之"蒸老了"，认为失去了原味，不

---

① 睇：看。
② 嘢：食物。

鲜美。再说"炒鱼片"，一要鱼片切得薄，二要下镬油多，三要火猛，四要快炒。鱼片倒至火红的铁镬里，轻轻翻动几下，把鱼肉片炒成"凹"形，即铲到碟里上席，是为上乘。如果炒得过熟，粤语谓之"炒老"，便嗤之为"土佬"[①]，"唔识食"。因此，广东人吃鱼，要吃"活鱼"[②]，不喜欢吃"死鱼"[③]。肉市场出售的鱼，常用大水池养着，生猛欲跳，任君挑选，即劏即卖，足够新鲜。同时，粤人吃鱼，有一套完整的"食鱼经"，这也是中国别的地方罕见的。其"经"是：

> 第一鯧，第二鰛，第三马鲛郎。
> 水鲈七鲫，病人宜食，鲮浮鲫沉，叮以滋阴。
> 熊鱼头，鲩鱼尾，鲮鱼肚腩鲤鱼鼻。

"熊鱼头"指吃熊鱼[④]要吃头，因为熊鱼头鱼云大且滑，鱼云指鱼鳃部的肉。"鲩鱼尾"指吃鲩鱼要吃尾，因为鲩鱼尾肉嫩。"鲮鱼肚腩"指吃鲮鱼要吃腩，因为鲮鱼肚腩脂香。"鲤鱼鼻"指吃鲤鱼要鱼鼻子，因为鲤鱼鼻子滑，而鲤鱼肉质较粗。

由此可见，粤人吃鱼之精、之细、之刁了。

---

① 土佬：土包子。
② 活鱼：指活着宰杀的鱼。
③ 死鱼：指死后再宰杀的鱼。
④ 熊鱼：即鳙鱼，俗称"大头鱼"。

5　四时品味各不同

广东的饮食习惯，往往随季节时令变化而变化，推出不同时令的"时菜"，绝不会"一本通书读到老"，常年一个菜谱。一年之中，春夏秋冬有不同的食谱和不同的进食习俗。一般来说，冬春重浓郁，夏秋尚清淡。热天多吃些清凉的食物，诸如喜食绿豆糖粥、莲子炖鸭、冬瓜瘦肉盅、苦瓜烩鱼片之类；冷天则多进食滋补之类的食品，诸如羊肉火锅、人参鸡汤之类。因此，粤地许多酒楼饭馆，按照人们这一食俗心态，根据不同时令推出不同的食谱，以广招食客。有些茶楼还推出"星期美点"，每星期以十咸十甜或十二咸十二甜来配合时令食俗。以煎、蒸、炸、炕等方法烹饪，以包、饺、角、条、卷、片、糕、饼、合、筒、挞、酥等形式精制食物，备受食客欢迎。

粤人饮食时令性强这一特点，还表现在粥食方面。粤人讲究食粥，除了一年四季有不同的粥谱外，甚至一日之中，早、午、晚三时，大众的食法也有所不同。通常早上食"明火白粥餸油条"或"及第粥""猪红粥"；中午食"猪骨粥""柴鱼粥""杂烩粥""肉粥"或"糖豆粥"；晚上食"滑牛粥""滑鸡粥""鱼云粥""虾球粥""粉粥"①之类，但绝对不吃"猪红②粥"。因粤人有一种旧观念，说"早上人吃血，晚上血食人"，意为早上吃猪红粥对人体有好处，可以"洗尘"；而晚上吃猪红粥，不但无益，反而有害。姑且不论这种说法是否科学，可是古今相传，已成了饮食的信条，世代恪守不渝。

牛肉粥

6　食医和食补

食医和食补是广东人饮食风习的另一特点。所谓"食医"，就是指饮食中食物的药疗作用，故又叫"食疗"。

---

① 粉粥：指炒河粉配粥。
② 猪红：指猪血。

粤人崇尚食医，表现在日常饮食中许多方面，现就以下3个方面略作介绍：

一是崇尚饮"凉茶"。

有关广东人崇尚饮凉茶的食俗，须从民间故事"萝卜菜茶换知府"谈起：萝卜菜茶是粤东嘉应州（今广东梅州）民间常用的一种"凉茶"。它是用萝卜苗加盐封腌、晒干而成。有祛湿生津之效，常服有"除百病"之功。话说清乾隆年间，嘉应州才子陈德伟上京谋官，途中投宿客栈，听闻一名商人装扮的住客患了湿热病，病情严重，一时又找不到郎中。陈德伟便把家乡带来的萝卜菜茶送去给其服用。客人连服两包后，翌日湿热病痊愈。他对陈德伟甚是感激，便问其上京意图，陈德伟直言不讳；再"考"他的文才，陈德伟对答如流。客人喜极，遂表明其身份。此人原来是微服出巡的乾隆皇帝！乾隆立即赐陈德伟为河南彰德府知府。自此，"萝卜菜茶换知府"便流为美谈。

凉茶铺

皇帝也饮凉茶，而且是饮广东客家的"萝卜菜茶"治好了病，确为广东人增添了无限荣光，为广东凉茶提高了身价。

广东境内乡镇，特别是珠江三角洲一带，几乎到处可见"卖凉茶"的小店或摊档。传统的凉茶有"王老吉""茅根竹蔗水""葛菜汤""五花茶""菊花茶""三虎堂"凉茶等，其名堂之多，饮用之便，饮者之众，别处实在少见。其中又以"广东王老吉"最为出名。一说到"王老吉"，广东的老少妇孺无人不晓得它是凉茶，"夏天祛暑湿，秋天防燥热"已是有口皆碑。据说，它已有近200年的历史了。尽管近年来各种各样的时兴饮料充斥市场，但"王老吉"的名声不减当年，仍然是大众喜爱的价廉实惠的药食饮料。

二是崇尚吃药粥。

药粥，即药物与谷米同煮之粥。吃药粥可以"防病治病"，又可"摄生自养"，这一道理，国人早已晓得。"米虽常食之物，服之不甚有益，而一旦参以药投，则其力甚巨"（清黄宫绣《本草求实》）。在长沙马王堆汉墓出土的14种医书中，就发现古人用"青粱粥"治疗蛇咬伤，用加热石块煮米粥内服治疗肛门痒痛等食疗。粤人深受此饮食古风影响，广东各地都有爱食药粥的习惯。常用的药粥有："白果薏米粥"（祛积）、"绿豆粥"（解暑）、"茅根竹蔗粥"（冲热）、"赤豆茯苓粥"（粤语通称"祛湿粥"，是用赤小豆、土茯苓、生薏米、白扁豆、木棉花与大米同煮之粥）等10多种。时至今日，粤人不但继承传统，惯食以上药粥，而且在民间仍传唱着《粥疗歌》：

> 要使皮肤好，粥里加红枣。
>
> 若要不失眠，煮粥添白莲。
>
> 腰酸肾气虚，煮粥放板栗。
>
> 心虚气不足，粥加桂圆肉。
>
> 头昏多汗症，粥里加薏仁。
>
> 润肺又止咳，煮粥加百合。
>
> 消暑解热毒，常饮绿豆粥。
>
> 乌发又补肾，粥加核桃仁。
>
> 若要降血压，煮粥加荷叶。
>
> 滋阴润肺好，煮粥放银耳。
>
> 春季防流脑，荠菜煮粥好。
>
> 健脾助消化，煮粥添山楂。
>
> 梦多又健忘，粥里加蛋黄。

三是迷信食物之神性。

这是属于饮食中的信俗，主要表现在崇信食用某种食物对人体将会起到某些特殊效应。比如，认为吃不同颜色或不同形状的食物，对人体会产生不同的作用。粤人杀食禽畜，通常也是认定吃禽畜特定部位对人体的相应部位起作用。比方说，粤人认为吃猪心可以补心，吃猪脑能够补脑等。

受这种饮食信俗观念支配，从而产生饮食上的诸多禁忌。这些禁忌，有些有一定科学根据，属于药理药物方面的效应，但由于涂上了神秘色彩，就变得有点滑稽可笑了。据说，粤人往日吃人参，吃后最好是蒙头大睡，但绝对不许说话，否则，便认为"人参之精气"会从嘴巴里跑掉。从而导致这样一则笑话：有一位财主，一日瞒着老婆炖食了人参汤，食后害怕人参精气跑掉，便躺在床上盖上被子，不敢动弹。老婆回家一看，见丈夫这个样子，不知何故，便上前询问。但丈夫总不开口说话，只眼瞪瞪望着妻子。老婆以为他"中风"撞邪了，立即煎来一碗浓浓的姜汤，要丈夫喝下。丈夫死活不肯喝，只是指指嘴巴、摇摇脑袋，又躺了下去。他老婆一急，按住丈夫的头，撬开他的嘴巴，用劲把姜汤灌了进去。"哗"一声，姜汤连人参汤全吐了出来。这时丈夫说话了："一支人参全跑掉了。"老婆说："你为何不早说？"丈夫说："说亦跑了，不说亦跑了！"

这些饮食中的信俗，貌似荒唐无稽，其实是人类社会早期人与自然之"模拟意识"和崇拜食物的灵性心理，在粤人食俗中残存的一种遗迹。今天，人类虽然早已进入文明时代，但其潜在意识仍留存于旧的饮食习俗中，起到一定的支配作用。

7 "意头"的讲究

粤人对食物名称的叫法,十分重视"意头"。所谓
"意头",即讲究食物的寓意性。这些叫法则取其吉利,
避开不吉之言。比如,在婚礼宴席上,惯用"莲子百合
羹",其意是祝福新婚夫妇"子孙绵绵,百年好合";
在寿辰宴席上,必须有一碟"全寿面",以示祝愿"长命
百岁"。再如,广东各地商行,按其旧规每逢农历正月初
一吃斋,意为"吃灾"(粤语"斋"与"灾"谐音),把
一年灾难吃掉,图个万事如意。年初二为"开市日",照
例大摆宴席,"发菜烩蚝豉"这一味菜绝对不可少,溯其
缘由,"发菜""蚝豉"与粤语"发财""好市"都是近
音,以此寓意恭祝新年生意兴隆,财源广进。俗谚说"饥
螺饱蚬",香港本地居民,视"蚬"为丰年之物,蚬多则
年丰,所以港人过年买蚬便成了习惯。银行、金铺年前
多买几株甘蔗摆放在铺中,意为"年年有得借"(粤语
"蔗"与"借"同音)。凡此种种都是取其意头,图个吉
利而已。

此外,粤人对食物的叫法,常另起别名,以避不吉。
这些别名因已约定俗成,知其奥妙者都心知肚明。如"猪
脾"粤人叫"猪横脷",意为"得利"。粤人不叫"猪

肝"而称"猪润"，因"肝"与"干"同音，"干"者，对生意人来说，即无水，也就是没有钱财，这是最忌讳的，而"润"者湿也，其延伸之意即有油水，示意家肥屋润，钱财丰裕。特别是对"猪舌"的叫法，因粤语之"舌"与"蚀"同音，"蚀"又与亏本同义，此乃商行之大忌，故粤人严禁直呼"猪舌"，尤以屠宰行业最甚，所以另起别号为"猪脷"。对食物诸如此类的禁忌叫法，不胜枚举。

在民间，讲究食物名称意头，寄寓于吉祥如意，看来有点迷信色彩。但无可讳言，这种食俗也同时反映了粤人求美的民俗心理。避凶就吉，化险为夷；人同此心，心同此理，自古已然。因此粤人重视食物的好彩头，才会出占及今地沿袭下来。

食风溯源

三

我们从广东饮食风习中可看到，粤人饮食风俗习惯，具有鲜明的地域性、传承性、兼容性和开放性。现就这几个方面探讨其饮食习俗之源流。

1 立足本土

广东古属"百粤（越）"之地，故简称为"粤"。又因它位于"五岭"（越城岭、都庞岭、萌渚岭、骑田岭和大庾岭）之南，所以人们又常称它为"岭南"。它东接福建；南临南海，与海南岛遥遥相望；西与广西为邻；北与江西、湖南相接。北回归线横穿广东中部，省内地区高温多雨，大部分地区属于亚热带，长年无冰雪，夏季时间长，且多台风暴雨；全省地形大体是北高南低，有山地、丘陵、平原、台地等，粤东有潮汕平原，粤中有珠江三角洲，土地肥沃，物产丰富；粮食作物以水稻为主，经济作物种类繁多，主要是甘蔗，其次是水果、茶叶、花生等100多种；江河密布，山塘水库众多，发展海洋捕捞业以及淡水养殖业得天独厚。这些优越的自然环境和丰富的资源条件，使得广东的文化形态，既有山区之特点，又有海洋之特色。俗语说："靠山吃山，靠水吃水。"这种地缘物质基础，决定了广东人以大米为主食、嗜好甜食、喜食鱼虾海味等的饮食风俗习惯。比方说，"珠江三角洲处于亚热带，全年气温较高，冷热同季，动植物繁盛，蔬果时鲜，四季不同，可供食用的飞、潜、动、植等品类繁多。正如前人记述，人无不足之患。在这个聚宝盆，人们可以找到赖以生存的一切，这给广州人饮食多样化选择提供了可能。而气候湿热多雨，又使人们的口味好清淡，忌浓烈。饮食讲求少而精，则根植于珠江三角洲的村社生活，与人们生产上精耕细作、生活上精打细算的传统习俗同出一源"（黄乃光、何文光、顾作义《广州人：昨日与今日》）。如潮汕地处海滨，生活在潮汕平原的潮汕人，得"海"和"地"之独厚，潮食如同潮绣一样，"清淡巧雅"，以清淡见百味。宴席多以海鲜为主，烹调力求精美。烧海螺配梅膏芥末，清炖水鱼放红豉油，水粿撒菜脯粒，龙虾旁边定有橘油，日月蚝汤少不了咸酸菜，潮州粥与咸乌榄角一起吃等，都是富有地方特色的潮汕风味，它同样与潮汕的地理环境有着密不可分的关系。

潮州小吃咸水粿

再从另一角度来看，广东境内居住的群体众多而且复杂。有操用广州方言者，有操用闽南方言者，也有操用客家方言者。这些操用不同方言的群体，生活在不同的地域，有着不同的饮食风习。如果从民族成分来说，广东除汉民族之外，还有聚居粤北的瑶族和壮族等少数民族，他们既有与汉族共同的饮食风习，又有本民族各自的饮食习俗。民族之多元化，也形成广东饮食风俗习惯之多样化。

2　传自中原

这是指中原的饮食风俗文化（包括中原汉族与其他民族的饮食文化）在粤地流传沿袭，以及对广东饮食文化的影响。

众所周知，广东在《禹贡》中的扬州之南，春秋为越（粤）地，远离中原，地属边徼，古有"南蛮""瘴地"之称，开发较晚。直至先秦之际，越（粤）地仍留存着茹毛饮血的原始食俗。秦汉以后，中原人大规模由北南迁，把黄河流域的食风食俗传至岭南各地，才使粤人饮食文化逐渐开明进步。

例如，广东民间有句俗谚："夏至狗，无碇走。"狗本属阳，性热。按照广东的气候，夏至时天气炎热，冬天才应是吃狗的旺季。那为何说"夏至狗"呢？其中就有一段来历。

夏至杀狗，原是中原习俗。"夏至磔狗"之俗，最早见于《史记》。根据其记载，春秋时秦德公二年（前676）夏，因天气炎热，导致疫病流行，不少人患病送了性命。受认知水平所限，时人认为是神鬼不佑，妖魔作祟所致，秦德公于是下令杀狗御蛊。因为狗为"阳畜"（又称"金畜"），被认为能辟邪气。此后在人们夏至初伏时纷纷杀狗，并将其肢体悬挂于四大城门之上。这种习俗传至粤地之后，粤人把"杀狗御蛊"转化成口腹之惠，并总结出有地方特色的"冬至鱼生，夏至狗肉"这一食经而广为流传。

再如，在粤东兴梅客家地区的"挟食"食俗。相传在中原陕西汉中一带，早在秦汉之前就很流行。据说春秋时代，郑国有位大夫名颍考叔，不但为官清廉，而且还是个大孝子。一天，郑庄公大宴群臣，颍考叔被邀请赴席，吃的全是山珍海味。颍考叔举起筷子挟肉并不进口，却放进自带的一个布袋里。郑庄公看见了很奇怪，问道："难道今日之佳肴不合爱卿之脾胃？"颍考叔禀告："御宴如此丰盛，足以畅怀享用。只因家中尚有八十老母不得尝此美味，故留于布袋中带回。"郑庄公一听，果真是个大孝子。马上吩咐下厨发给每位入宴者一个小袋，让他们将舍不得吃的包回家中孝敬父母。从此，天下老百姓也都加以仿效。举办宴会的主人都把包肉的袋放在餐桌上，让客人挑选食品包回去。后来这一食俗随着中原人南迁而流传到粤东各地，遂演变为客家人的"挟食"。

事实上，广东的所有年节食俗，几乎都是直接或间接地从中原传入的。比方说，"元宵节吃汤圆"，溯其源大概是出自汉代。相传汉武帝时，京都长安盛传火神君要来火焚帝阙，而火神君爱吃汤圆，只要用汤圆敬奉，便可消灾免祸。于是，汉武帝下令正月十五晚全城臣民都做汤圆。听说有位叫元宵的宫女做的汤圆特别好，汉武帝就让她手提大宫灯，宫灯上写上"元宵"的名字，派人端着她做的汤圆，穿街过巷，虔诚供祭云游于长安上空的火神君。这一夜，京都长安果然安然无恙，汉武帝大喜，因此钦定每年正月十五照例让元宵做汤圆供奉火神君。自此相沿成习，人们就把这天的汤圆叫"元宵"，而这一天也就称为"元宵节"。此则虽属传说，不足为据。但它却能令人从民间习俗的传承性这一角度，看到粤人元宵吃汤圆这种食俗之由来。

由于水陆交通都比较方便，广州自秦汉之后便逐步成为华南的政治、经济中心，全国许多地方的食品、食法、食俗不断通过各种渠道流传到粤地。如渝地（今四川）出产之枸酱，也能从夜郎（今贵州）经牂牁江进入广东西江，而运到广州。又如前面所说的，粤人嗜甜食，其糖制食品堪称全国之冠，但其中有些食法却是由外地传入的。据说，广东乌糖之制法及其食俗，乃是唐太宗时传入的："乌糖者，以黑糖烹之成白，又以鸭卵清搅之，使渣滓上浮，精英下结，其法本唐太宗时贡使所传"（清屈大均

《广东新语》卷十四）。南宋初年，因中原连年战乱，高宗仓皇南渡，中原大批官员与庶民逾岭南下，散居岭南各地；南宋末年，蒙古军大举进兵中原，一些士大夫（如文天祥、陆秀夫等）以及大批庶民也随帝南迁，后寓居广东各地，这就使得中原以及别处的饮食文化在粤地更加广泛地传播，至今在广东民间还流传着各种各样的美谈。

岭南本地居民原无吃面食的习惯，据说油炸面制品"油条"大概是在宋代传到粤地的。"油条"在南宋临安（今杭州）叫"炸秦桧""油炸桧"，但粤人一向叫"油炸鬼"，惯与白粥一起食，谓之"祛热气"。广东人为何叫"油炸鬼"？相传绍兴十一年（1141），金兵南犯，高宗赵构听信奸臣秦桧夫妇谗言，把爱国忠臣岳飞暗害于杭州风波亭。风波亭附近有个卖小食的店主得知这一消息，一气之下用面粉捏成两个面人，代替秦桧夫妇丢到油锅用油炸，借以解恨，所以叫"油炸桧"。此种叫法传至粤地，粤语"桧"与"鬼"发音相近，且含有憎恶之意，因此由古及今叫"油炸鬼"了。

再有，在潮州菜谱中有一味名菜叫"护国菜"。相传南宋少帝赵昺兵败，从临安一路逃至广东，至潮州时和陆秀夫等群臣寓宿在一座深山古庙里。寺僧见少帝又饥又饿，疲惫不堪，只好就地取材，采摘新鲜的地瓜叶制成汤肴，款待帝君。赵昺君臣此时饥不择食，见这汤肴碧绿清香，软滑味美，食之更感爽口，十分赞赏，便把这汤肴赐名为"护国菜"。后来，"护国菜"传到市肆，经名师

改进，虽仍以地瓜叶为主料，但配以冬菇、火腿、虾仁，
并用顶汤烩制，食之鲜凉可口，滑而不腻，因而驰名于海
内外。

3 楚粤兼容

中原饮食文化对粤地的影响固然重要而明显，但易被
人们忽略的是荆楚饮食文化对广东的影响。

先从长沙马王堆一号汉墓（以下简称"一号汉墓"）出
土的食物来看，肉食品有牛、鹿、猪、狗、兔、鸡和鸟类、
鱼类，其他有豆类、水果、蔬菜和蛋类等。另有墨书竹简
（随葬物品之"遣策"）所标明的器内食品一批，记载着全
部饭、饮、酒、食，有许多连《礼记·内则》都没有记载。
透过这些文物材料，可以看到古代楚粤居民饮食之风貌。

楚粤自古都是以谷米为主粮，是中国主要稻米产区，
有"湖广熟，天下足"之美誉。早在屈原《楚辞·大招》
中就有"五谷六仞"之说，东汉王逸在《楚辞章句》中注
释五谷为"稻、稷、麦、豆、麻"，把稻谷列为"五谷"
之首。可见谷米对楚地居民的重要了。"一号汉墓"的
食物遗物中，发现有品种多样的谷米，如籼、粳、粘、糯
等。还有品种繁多的大米制品，如：

𥯔𥻿："𥯔"读胶，从孝声之字如酵即读如胶；

"餳"，精米。"孝餳"是以大米制成的饴糖，即《荆楚岁时记》正月初一日条说的"进屠苏酒，胶牙饧"这种糕点。

稻蜜糒："糒"近"糗"，即干粮。"稻蜜糒"是以米饭和蜜制成的糕点。

粔籹：即粔籹。《齐民要术》："粔籹名环饼，像环膏钏形。"《广雅》谓之"烰梳"。《楚辞·招魂》云："粔籹蜜饵，有餦餭些。"粔籹是一种"用秫稻米屑，水、蜜溲之，强泽如汤饼面，手搦团，可长八寸许，屈令两头相就，膏油煎之"的食品，俗称"环饼"。

卵熇：据考证是粘米饭炒蛋。

以上几种食品，在现今广东各地仍普遍存在，如过年过节的年糕、糍粑、糖环、煎堆之类便是，米饭炒蛋更是大众常用的饭食。

糍粑

再从"一号汉墓"出土的汤菜遗物考察，菜肴中以猪牛肉为主，兼有多种家禽及其他牲畜肉。猪肉类计有"猪大羹""烤猪肉""烤猪腿""红烧猪肉""干猪肚"等；牛肉类计有"牛首大羹""牛芜菁羹""牛肉干""汤濯牛百叶""细切牛肉片""红烧牛蹄筋"等。而尤其值得注意的是，这位女墓主（长沙国丞相轪侯利苍之妻辛追）十分爱食狗肉、鱼类和飞禽。

狗肉，在广东各地有食，但是，食狗在中国南方一些少数民族中却是禁忌（如生活在粤北和湖南的瑶族是禁食狗的）。而这位女墓主不但不禁忌，而且还以之为佳肴美馔，其食法有炖、羹、烤。如"狗大羹""狗中羹""烤狗胁""烤狗肝"等，可见其食俗与粤人有相似之处。

粤人"宁可食无肉，不可食无鱼"。从"一号汉墓"出土之食物遗物看到，这位女墓主生前也喜食鱼。据粗略统计，她常食的鱼有鲤鱼、鲫鱼、鳜鱼、银鲴等，而且有鲫鱼羹、鱼藕羹、鱼脍等多种食法。

食飞禽走兽，并视之为山珍，也是粤人食俗的特点。粤语说"三鸡不及一鸽"（鸽泛指飞禽），就是这个意思。故富裕人家，往往不惜重金购买。而"一号汉墓"陪葬之物除用家禽制作的菜肴外，还有不少是飞禽类美味，诸如"熬鹧鸪""熬鹌鹑""熬鹤（hè）""熬鸨（dǎo）""熬麻雀"等，而尤以熬鹌鹑、熬麻雀为最。这二种，粤人也爱食。女墓主食麻雀的方法，除"熬"（此一炮制法与广东"焗"同）之外，还可把麻雀劏净剁烂，制成"麻雀酱"。此为食疗之用，具有滋阴壮阳之效。旧时，广东民间以"炸麻雀"为医治男性不举或举而不坚的有效药物。由此观之，楚、粤人食鹌鹑和麻雀的食俗，其源古远。今天，麻雀属于国家保护的有重要生态、科学、社会价值的陆生野生动物，已禁止食用，从食材的变化，可窥见人类的文明与进步。

又从烹饪习惯食法看，"一号汉墓"出土竹简所记与粤民之烹饪食俗，是何其相似，现列举数种如下：

炙：火烤也，也谓之烧烤，如出土的竹简所书之"牛肋炙""豕炙""鸡炙"等。

脍：肉细切谓之脍。枚乘《七发》云："羞炰脍炙，以御宾客。"如出土的竹简所书之"牛脍""羊脍""鱼脍"等。

熬：即烤干、煎干。如出土的竹简所书之"熬豚""熬鸡""熬麻雀""熬鹌鹑""熬鸹"等。

濡："一号汉墓"出土的竹简书："牛唇脂蹄濡一器。"《礼记·内则》说："濡豚濡鸡。"《礼记注》："濡谓烹之以汁和也。"此种烹饪方法类似"红烧"，粤人谓之"炆""焖"，即用文火慢煮食物，让其熟透，连汁食之。

羹：上古是指用肉或菜调和五味做成带汤的食物。这位女墓主在日常饮食中大概很讲究喝汤羹，故出土的竹简记载有多种多样的汤羹，如"牛自羹""鲫白羹""小菽

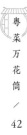
鹿腊白羹""巾羹"①等。

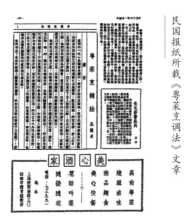

民国报纸所载《粤菜烹调法》文章

纵观上述各种食物、食法和食俗，我们可清楚地看到，生息在长江流域之荆楚居民与南粤珠江流域之粤人一样，都以稻米为主食，以水产为佳肴，喜食各种野生动物，呈现出一种与黄河流域的居民群体以面为主食不同的饮食习惯。而广东有些饮食习俗或效仿或传承自荆楚之地，这是完全有可能的。

其一，粤人喜食"鱼生"（鱼脍），这一食俗，从"一号汉墓"出土食物遗物表明，楚地2000多年之前已经风行。据医学界对"一号汉墓"的墓主尸体解剖检查发现，女尸患有"血吸虫病"。此病疑与她生前爱食"鱼生"有关。因生鱼肉常含有肝吸虫及其他寄生虫，常吃"鱼生"极易得此病。

---

① 巾羹："巾"同"芹"，即"芹菜肉羹"。

其二，粤人喜食烧猪，但凡喜庆之事必以"金猪"（烧猪）为供奉的食物，而"烧乳猪"更是广东的传统名菜。《齐民要术》称，这一烹调食法始于山东，盛行在1400年之前。可是"一号汉墓"所载之"豕炙"（烤猪）则是2000多年前的事，粤地烧烤乳猪的烹调技艺是从楚地传承而来，似更为在理。

其三，粤人重汤羹，先汤后饭；凡是宴席必须有美羹，这已成了礼规。而楚地这位女墓主，死后也按她生前习惯，用各式美味汤羹随葬（据出土之简文共记5种羹，盛于24个鼎中，其数量非常可观），看来并非一般的点缀性陪葬品，而是汉代丧礼和丧俗的一种。汉代曾流行"死人当生人看待"的葬俗，为了使死者在另一世界继续过美好生活，死者生前各种各样的美食，也就成了主要的随葬品。当然，"汤菜"（羹）的首创者并非楚人，传说是商朝宰相伊尹。但楚地重视喝羹汤的食风，对粤人起到更直接的影响，而且诸如"鲫白羹""巾羹"之类的汤羹，至今仍然是广东人的大众汤羹。

透过这些饮食习俗，人们看到粤楚两地的饮食文化关系源远流长。根据史书记述，公元前9世纪周夷王时，居住南海之滨的粤人和长江中游之楚人已有往来，粤人在广州越秀山上特意筑起"楚庭"，以示与楚国之关系，故广东又曰"南楚"。太史公说"楚越之地，地广人希，饭稻羹鱼，或火耕而水耨，果隋嬴蛤，不待贾而足，地埶饶食，无饥馑之患"（西汉司马迁《史记·货殖列传》）。此言颇有道理。拿广东和湖南两省来看，两省不但地缘相连，江河众多，盛产稻米鱼虾，有相同的物质资源条件；而且在人文文化方面又同属百越体系，有"断发文身"、喜食鱼蛤贝类之俗，因此其饮食文化相互影响，相互吸收自是必然。有人认为，粤菜与湘菜是同源而异流之两大姐妹菜系，从"一号汉墓"出土的食物遗物来推论，此话不假。粤楚两地古同属于百越（粤）之域，其文化同属于百越（粤）文化范畴。至于后来湘食与粤食风味各异，这是一水分流所致。讲求时效和善于兼容并蓄的粤人，则取荆楚饮食之长，融集于粤人食文化之中，独树一帜，形成粤楚兼容的饮食文化风格。

4　中西合璧

促成广东饮食习俗和风格形成的还有一个外来因素，就是国外饮食文化的影响。

"广东的文化，历来不是封闭型的文化。从国内来说，广东吸收了楚文化和中原文化，并改造了南越族的风俗习惯和'刀耕火种'或'水耕火耨'的农业。特别是广州成为对外贸易的重要口岸之后，广州又成为中国与世界文化交流的主要窗口之一"（蒋祖缘、方志钦主编《简明广东史》）。历史事实正是如此。广州是中国的南大门，毗邻港澳，为中国通向东南亚、中东和非洲等地的重要出海口，因此广东对外开放甚早。汉武帝时，广东已是对外贸易的重要口岸。晋时，华南地区出海的重点口岸，由徐闻、合浦一带移至广州。自唐之后，置市舶司及海关于广州，而广州也就成了外商海舶凑集之地，"海上丝绸之路"的起点之一。唐太宗时代，广州已是世界上的大型海港城市之一。当时，到广州来贸易的有波斯、大食、天竺以及南海诸国。元代，广州在中国7个置市舶提举司的沿海城市之中，仅居于福建泉州之后，仍然是一个著名的大港口。外国商人前来广东通商贸易，随之也传来了外国人的饮食风俗习惯，从而打破了岭南传统饮食风习。以"烧酒"为例，据《广东新语》记载："烧酒之法自元始。有暹罗人，以烧酒复烧入异香，至三二年，人饮数盏即醉，谓之阿剌吉酒。元盖得法于番夷云。"

到了近代，随着与外来经济文化接触日益频繁，"重吃"的粤人，从多方面吸收了外来的饮食文化，使饮食变得丰富多样，"西餐馆"随之兴起，"西方风味"亦随之流行，同时也提高了饮食的艺术水平。"清朝年间，广州人吃的艺术水平并不高，咸鱼、菜脯、鲜蚝外加炒、炖、蒸几味乃最为常见，那时经营饮食业者，都以标榜'京味''苏味'为荣，所以'京都焗排骨''金陵片皮鸭''五柳鲩鱼'之类深受粤人推崇。在中国，京、川、苏、粤、鲁、湘、闽、徽八大菜系之中，粤菜是后来居上，它主要能吸取国内各地及西菜烹饪技术之精要，根据本地百姓的

口味、嗜好、习惯加以改良、创造，逐渐形成粤菜的风格优势。"（广州市社会科学研究所社会问题研究室《广州的文化风格》）

近几十年，中西饮食交流、粤港澳饮食相互观摩比任何时期都活跃，大大改变了广东饮食结构，而食风食俗也跟着发生变化，表现出"中餐西食"、宴席食剩的菜肴由食客自取回家、饮食生活结构逐渐由"家庭式"向"商业式"转化、传统节日食俗日趋简化、宴席改革日趋现代化，以及节日上茶楼热、节日去旅游烧烤热、节日到音乐厅去喝咖啡听歌热等饮食风俗文化新态。有些地方还出现新节，如"广州美食节""深圳荔枝节"之类，为广东饮食文化中西合璧、传统型与开放型相结合的风格，增添了光泽和活力。

广州美食节人潮如织

四

四大食区

广东是一个由百粤（越）族以及汉民族相互融合而成的多元群体。他们在历史的迁徙和融合的过程中，还不同程度地保留着各自的风俗习惯，这就构成广东民俗的多样性、丰富性和某些方面的特殊性。就以饮食风习而言，广东汉民族饮食文化也相当复杂，因此要划分广东的饮食风习类区，也只能是大致地划分。现根据这个"多元群体"的历史性、地域性以及其方言属系，试划分为4个饮食风习类区，即广州方言饮食风习类区、福佬方言饮食风习类区、客家方言饮食风习类区、粤北瑶族壮族饮食风习类区。下面分别作简要的叙述。

1 广州方言食区

广州方言饮食风习类区，简称"广州方言食区"。本食区是以粤语（广州方言）为主体的饮食风习居民群体的聚居区，它所含属的范围很广，大体上说，以广州市为中心，包括操用同一方言的广州郊县、香港、澳门以及粤中、粤西的大部分地域，旁及粤北的部分城乡居民（有些地方兼用两种方言以上者，其饮食风习具有兼容性和多面性）。为叙述方便，本食区以广州地区为代表进行介绍。

地扼珠江的广州，物华天宝，其饮食亦早蜚声海外。古语说："生在杭州，死在柳州，穿在苏州，食在广州。"由此可见，广州的饮食文化是自成体系的。"食在广州"，从广义上说，它不仅是对广州市的赞誉，也同时是对以广州方言人群为主体的整个广州食区的赞美。广州地区的饮食风俗习惯，具体来说有以下一些特色。

第一，食风盛。

人们常说"广州人嘴刁"，实际上是在说广州人对饮食挑剔且讲究。当地饮食特别强调"味"，有所谓"睇戏睇全套，食嘢食味道"的说法。当地饮食又尚精厌粗。如吃蔬菜，只取其心（谓之菜胆或菜薳），其余不吃。在民间流传着这样一种说法：上海人"重穿"，把钞票都贴在身上；而广州人"重食"，把收入的七八成都装进了肚子里。上海人有凌晨赶菜市的习惯，而羊城人有凌晨上茶楼的嗜好，谓之"叹茶"。叹者，享受也。无论是暑天腊月，广州人大清早就赶去饮早茶，一边品茗，一边细嚼虾饺、烧卖、芋角、春卷、叉烧包，或者要一碟拉肠粉、一碗猪红粥之类的大众化食品。如果有客人光临，最普通的也得弄上几味，或炒或炆或烤或蒸，这才算得上是"敬客"，否则会被视为"寒酸"。而且不论菜肴是否丰盛，必不可少地要有一盅上汤，作为宴席的前奏曲。"饭前一碗汤，胃口格外醒"，这已成了家喻户晓的饮食例规。喝汤，广州人谓之"起羹"。所以人们对汤羹极为讲究，平常喝的汤价廉惹味[①]，诸如猪骨汤、蛋花汤、猪肺菜干汤、鱼头西洋菜汤等；宴请客人时用的汤比较高级，价格有的相当昂贵，诸如水鱼汤、银耳鸡汤、燕窝汤、海参汤等。总之"先汤后饭"，那是绝对不许乱套的。

艇仔粥

　　广州食风之盛，还表现在一是饮食店众多，二是食品种类繁多。在广州市内的大街小巷，到处都有茶楼饭馆，小食店以及夜宵摊档更是无法统计（香港叫"小食店"为"大排

────────────

① 惹味：即美味。

档"，广州人也流行此种叫法），真可谓"五步一摊，十步一档"，而且日夜兼营。这些大排档，有经营烧卤食品、甜品、炖品的，有销售粉面食品、粥品、汤羹和油炸食品的，还有叫卖炒田螺、煲仔饭、牛杂碎、艇仔粥、云吞面的。

民国时期厦门的著名粤菜馆——广益酒家

其食俗也很有趣，如食狗肉。狗肉虽然不登大雅之堂①，而多在街头巷尾的小食店出售，但人们也乐意去"帮趁"②。狗肉味美，故粤人又称其为"香肉"。广州俗语说："狗肉滚三滚，神仙企唔稳。"③广州的菜式和点心，其种类实居全国之冠。"据一九五六年作的一次统计，广州市当时各饮食店出售的菜式，就有五千四百五十七种。近几年来，各大酒楼新创的菜式更层出不穷。一种鸡，就能制出几百款不同菜式。还有什么'全羊宴''全鸭宴'……不胜枚举。各大茶楼酒家，都不乏能烹制一二千款菜肴的名师巧厨。"由于广州食风盛，吸引了成千上万

① 广州人旧俗对狗肉不直呼其名，而以"三六"代称。"三加六"为"九"。"九"与"狗"粤语同音。可见人们对狗肉既食之也鄙之。
② 帮趁：即光顾。
③ 意为脱离凡尘的神仙，闻到了狗肉香味也忍耐不住。

的国际食客前来朝拜。美国的"厨师旅行团"、日本著名的亚寿多酒店的名厨，以及缅甸等国家的厨师都来取经。

第二，食风美。

"广州人识食"已是世人熟悉的流行语。广州人"识食"，首先表现在菜式上，选料精细，刀工细腻，调味有方，讲究镬气。所谓粤菜，实际上以广州菜为代表。而广州菜又是集这个食区南（海）、番（禺）、顺（德）、东（莞）、香（山）等地之特色，兼收京、苏、杭等地烹饪之优点以及西菜之所长，融汇而自树一帜，有"五滋"（甜、酸、苦、咸、辣）、"六味"（香、酥、脆、清、鲜、嫩）之美。广州常根据喜庆的宴席内容，赋以菜肴各种美名，故又有色、香、味、型、名五者俱佳之妙。有一位外国作家说羊城菜肴的名称有"犹如诗一样的艺术魅力"。比如粤菜的"酸甜就手"——广州人称办事顺当谓之"就手"，猪的前脚惯称"猪手"——这味菜实际是猪手加酸梅、料酒、白醋，先炒后炖，在上碟时以黄瓜、红椒块衬托，有酸甜风味；高档菜"福如东海"，是用官燕窝、火腿、白鸽蛋等制成，主料是燕窝，而燕窝出自海之东的礁石上，美名曰"福如东海"，作为寿菜肴，寓意贴切；"东成西就"，是用冬菇、西兰花配制而成，借"冬菇"之谐音"冬"（东）和"西兰花"之"西"，巧妙地联成为"东成西就"，典雅有趣；"凤翅穿龙"，菜名别致，实是用鸡翅、冬笋、火腿等烹调好之后，在碟中排列盘齐，并以烫熟之菜薹围拌碟边，其色泽嫩绿，构图美，食相佳。

广州的饮食业，善于利用食客求吉利的心理，精制各种应景美食。如1990年为庚午年，按中国传统习俗是马年。于是，羊城有不少酒楼餐馆，参照"马年"之含义，推出了一套有吉祥寓意的《马年新春家宴菜谱》，诸如"人跃马欢宴"、"马年步步高"（三款马蹄糕）、"马蹄瑶柱羹"等几十种茶式和糕点，深得食客的喜爱。

广州人的饮食不单纯为了果腹，还有更加深邃的内涵，以食这种物质享受，获得精神上的安慰，所谓"辛苦揾埋自在食"，其意是辛辛苦苦赚得的钱，要舒舒服服地享用。所以，广州人的饮食审美观念也特别强烈，追求一种食物内在美与外表美，食欲与情趣相和谐、相统一的艺术化境界。据说广州有间酒家创造的"越秀远眺"大拼盘，盘里有山，有树，有小桥，有湖水，有绿草，有镇海楼，有五羊雕像，有老翁垂钓，还有腾起如云似雾的白气，真可谓一幅绝妙的山水画，寓艺术于饮食之中，让食客除了享受到菜肴的美味外，还能领略到岭南文化之雅趣。

广州的中秋月饼扬名四海，料精、味佳、型美，自不必多言，仅就月饼名称来说，也充满诗情画意。

现选录其中的一部分，以飨读者：

宝鸭穿莲月　金银叉烧月

金凤腊肠月　东坡腾皓月

双凤莲蓉月　　五族共和月

合桃丹凤月　　七星伴月月

越秀团圆月　　红烧乳鸽月

西湖燕窝月　　火鸭鸳鸯月

珠海双凤月　　玫瑰上甜月

银河秋夜月　　鲜奶杏蓉月

应时食品

月饼

月饼是饼类的一种，大约在农历八月十五日（中秋节）左右最为风行。它的做法是把起粉搓匀，中间更加馅子加以焙制就成了馍，或有苏式或广式等许多使磁味都非常可口。这几天我们随时可以看到它和吃到它。

第三，食风怪。

广州人饮食风俗之趣怪，用异地人眼光来看，简直有点不可思议。有道是："广州三大怪，耗子、长虫、蚂蟥当佳菜。"此话不假，广州人"敢食"名不虚传。广州人什么都敢食，会飞的除了飞机，有4条腿的除了板凳以外，但凡天上飞的、地上爬的、水里游的、土里钻的，几乎都可以端上宴席。甚至被不识者误认为"蚂蟥"的禾虫，也进入菜谱，列为珍肴，食客为之赞叹不绝。"一截一截又一截，生于田陇长于禾。秋风鲈鲙寻常美，暑月鲥鱼亦逊之。庖制味甘真上品，调来火候贵中和。五候佳馔何曾识，让与农家鼓腹歌。"（南海诗人黄廷彪诗《见食禾虫有感》）禾虫，学名疣吻沙蚕，样子难看，《楚庭稗珠录》说禾虫"甘美益人，稻之精华也。然其状可恶，似百节虫、蚂蝗、蚯蚓"。每年只有春秋两季出现十天八天，从浅海浮游到沙田里。旧时广州城，每当禾虫活跃的时节，"禾虫"之声，撩动老饕食指，妇女尤为中意。话说有位妇人，丈夫新丧，循旧丧俗要捧个小盆到河边"买水"。路上闻叫卖禾虫之声，她便不顾俗规礼法，拿小盆去买禾虫，旁人看见怕有违祖训，力加劝阻，但她大言不惭地答道："老公死，老公生，禾虫过造恨唔返！"自此，有好事者把这个故事一传开，"老公死，老公生，禾虫过造恨唔返"就成了民间俗谚。故事以极其夸张的手法，称赞禾虫美食的魅力。同时，从中也可窥见广州食风食俗之奇异。

难怪南宋时代，有一位从中原南迁入粤的文人，面对广州此种食风食俗，不禁为之感慨："不问鸟兽虫蛇，无不食之矣！"这正道出了广州饮食风习的又一特色。

除以上所述之外，广州食区其实还有许多特别的食风食俗。

·嗜蛇

广州的饮食风习，恐怕以"蛇餐"最为惊人。这一食俗其实不是广州独有，不过以广州为盛而且烹调得最佳。广州市内曾专设有"蛇餐馆"（蛇餐馆原名"蛇王满"，开业于1885年，由捕蛇能手吴满所创），承办各式各样蛇宴。这间100余年老号的"蛇餐馆"，曾接待过国内外的大批食客，驰名于中外。

其实，食蛇自古有之。《山海经·海内南经》有记载：南方人吃巴蛇，可免"心腹之患"，即为了祛除疾病。距今2000多年的汉朝的刘安，在他的《淮南子》又说："越人得蚺蛇以为上肴，中国得之无用。"此后，唐代的段公路所著的《北户录》、段成式所著的《酉阳杂俎》都有粤人吃蛇的记述。到了宋代，朱彧在他的《萍洲可谈》中说得更为明确："广南食蛇，市中鬻蛇羹。"不过那时食蛇的风气并未普及，只流行于一些乡镇。传说直至清末，广州番禺有位翰林名江孔殷（表字霸公，人称江虾），有一次与家人下乡游玩，中途在佃户家中休息，无意看见佃户制作"蛇馔"，香味诱人，略一品尝，顿觉鲜味可口，称赞不已，遂向佃户学得烹饪蛇羹的方法。回府后他嘱咐厨子试制，果然美味。后来经过不断改进，精益求精。官场中人，凡在江府席上吃过"蛇馔"的人，都认为不可多得。

旧时粤人认为蛇愈毒其价值就愈大，所以"蛇宴"

上所吃的"三蛇""五蛇"，多是一些剧毒之蛇，诸如金环蛇、银环蛇、饭铲头（眼镜蛇）之类，而无毒之蛇则视为"下等货"，价钱比较便宜。广州食蛇的花样繁多，有炒、炖、烩、羹，还有浸酒的，名为"三蛇酒"（整条蛇浸泡在酒里）。经蛇餐馆师傅精心研究，蛇宴发展出30多个品种菜式，有百花酿蛇脯、原盅炖三蛇、三蛇炖乳鸽、烩蛇片等。其中"菊花龙凤会""银湖鲜蛇脯""五彩炒蛇丝""红烧凤肝蛇片"被列为羊城名菜。

粤人吃蛇还有个习惯，讲究时令。俗语说："秋风起，三蛇肥。"蛇在冬眠之前要贮足脂肪过冬，因此这个时候蛇肥肉厚。另外，因蛇肉最富滋补，蛋白质含量高，吃后会产生大量热能。夏天气候炎热，人吃蛇后会分泌出大量的汗液；而秋冬天气凉爽，故谓食蛇之最佳季节。随着国家加大对包括蛇类在内的野生动物的保护力度和相关法律法规的出台，食蛇之俗今已被严令禁止。

食鱼生

这一食俗曾盛行于珠江三角洲水乡一带。所谓食鱼生，并非捉一条活生生的鱼来吃，而是很讲究吃法的："粤俗嗜鱼生。以鲈、以鲩、以鳟白、以黄鱼、以青鲚、以雪鲚、以鲩为上。鲩又以白鲩为上。以初出水泼刺者，去其皮剑，洗其血鲊，细剑之为片，红肌白理，轻可吹起，薄如蝉翼。两两相比，沃以老醪，和以椒芷。入口冰融，至甘旨矣。"（清屈大均《广东新语》卷二十二《鱼生》)清道光年间张心泰的《粤游小识》也记载有粤人食鱼生的习惯:"广人喜以生鱼享客,小菜数碟,色不同样,谓之吃鱼生。吃余即以生鱼煮粥,谓之鱼生粥。"其实,广东人食鱼生由来已久,这恐怕与疍民有关。据宋代范成大所云:"蜑,海上水居蛮也。以舟楫为家。采海物以为生,且生食之。"(《桂海虞衡志·志蛮》)广东水乡鱼类养殖业发达,他们喜爱食鱼,食鱼生之风甚盛自然不难理解,因此这一食俗迨至新中国成立初期还很流行。后因鱼肉生吃虽能保持鱼肉的鲜美,但具有食品卫生风险(生鱼里可能含有肝吸虫及其他寄生虫),政府卫生部门下令严禁,"粤人食鱼生"的旧俗一度被革除。近年来通过改进养殖等方式,食鱼生再度流行,而"鱼生粥"(用鱼片煮粥)仍是当今广州的美食之一。

啜田螺

农历八月十五中秋节,在广州食区除赏月、吃月饼之外,还有啜田螺的风习。每逢中秋节前几天,螺大量上市,广州城乡居民争相购买田螺,拿回家放在盘里,用清水养数日,让螺吐尽肚里的泥土,然后将螺的底部敲开一个小洞,用水洗干净后放在锅里,加上蒜头、豆豉、油、盐、糖以及辣椒、紫苏叶等配料一起爆炒,即可食用。吃时先用手抓住田螺往尾部一啜,再翻转头部一吮,螺肉即入口中,这谓之"啜田螺"。明月当空,边啜、边食、边饮,其味无穷。倘若啜技低劣,螺肉吮而不出,相互哄笑，又另有一番乐趣，正如清末《羊城竹枝词》所描述的："中秋佳节近如何，饼饵家家馈送多。拜罢嫦娥斟月下，芋香啖遍更香螺。"

其实，啜田螺并非只限广州食区，广东大部分地区都有此种食俗，而且也不限中秋节，只不过在广州食区特别风行，尤其在八月十五那天。由于田螺含有丰富维生素A、蛋白质、铁和钙，可治目疾，据说八月十五吃了田螺，可使眼睛"明如秋月"，故中秋节啜田螺的风俗至今还很游行。

献鱼不献脊

广州人宴请，席间如端上有完整形体的菜肴，诸如鸡、鸭、鹅之类，其头部一定要向着主席，以示对主客的尊重。但唯独端放烹调整鱼的菜肴，则不许这样，而是必须把鱼的腹部朝向客人，绝不能将鱼的背脊对着客人，这就是自古流传于广州民间"献鱼不献脊"的习惯。为什么会有这种礼规呢？

据说，春秋末年有位名厨，名叫太和公，他以烹调"炙鱼"名扬四海。吴公子光为争夺王位，便收买勇士专诸去刺杀吴王僚。专诸得知吴王僚爱吃炙鱼，就拜太和公为师，学得烹制炙鱼的绝技。公子光请吴王僚到自己家中吃饭。席间，吴王防卫森严，外人不得接近，只许"御厨"专诸亲自把他精制的炙鱼献给吴王僚。专诸预先在鱼腹内暗藏一把匕首，因鱼背脊向着吴王僚，故吴王僚没有发现匕首。吴王僚起筷食鱼之际，专诸出其不意地拔出匕首，当场把吴王僚刺死，而专诸也同时遭到吴王僚的卫士击杀。

自此，"献鱼不献脊"就成了广州一带的口头禅，变成了约定俗成的宴席礼规。这一传说是真是假，无须考证。但从食品的美味而言，鱼肚肉嫩油滑，素为食客所称道。把鱼腹向着客人，当然是对客人表示敬意，还是有道理的。

饮茶礼规

粤、港、澳一带，饮茶不但普遍，而且有一整套饮茶的俗规。广州人早上见面的寒暄语不是说"早晨"，而是问"饮咗茶未？"①可见，广州人把饮茶视作一日之中的第一件大事。当然，广州人所说的饮茶，并非光喝茶，还要吃小食，但茶是绝对少不了的。不论大小茶楼酒馆，大都经营"三茶两饭"（早、午、夜三市），而且必须先茶后饭。广州人尤其爱喝早茶，一大清早起床，便上茶楼泡上一壶佳茗，慢饮细嚼，有时边品茶边聊天，少则约一个小时，多则几个小时，广州人谓之"叹②茶"。

广州人喝茶的礼规繁多，稍不注意便遭白眼，被骂"土佬"。比如，给别人斟茶，只斟大半杯，若斟满，反

---

① 饮咗茶未：意为"喝过茶没有"。
② 叹：意为享受。

视为"不敬"，"酒满敬，茶满欺"就是这个意思。再如，别人为自己斟茶，不能坐视不理，必须用右手中指和食指弯曲，在桌面上轻轻叩3下，表示谢意。此是约定俗成的礼规，否则被视为"无礼"。据民间传说，这一茶俗源于清代。有一年，乾隆皇帝微服下江南巡视，与御前侍卫周日清上茶楼喝茶，皇上自己斟了茶之后，又顺手给周日清斟茶。周日清见皇上为自己斟茶，却又不能在大庭广众暴露身份而下跪谢恩，急中生智，双指屈曲，在桌面上叩点3次，以代替下跪叩头之礼。自此便逐渐流传于民间，成了一种饮茶礼节，代替了"谢谢"。广州人早起喝茶的习惯，绝非坏习。它可以增进食欲，有益健康，所以民间"清晨一杯茶，饿死卖药家""早晨一壶茶，不用找医家"的说法是不无道理的。

广州人到茶居①饮茶，还有一个特别的"惯例"——茶客如果要加斟开水，得先自己揭开茶盖搁放在茶壶口与茶壶耳之间，服务员看到便会自动跑来加斟开水。此种例规，外地人看来感到莫名其妙，其缘由也有一段"古"②：

据说清朝年间，有一位寓居广州西关的贵族公子哥儿。由于平日挥霍无度，他把祖传的家业花费精光，但又要摆阔气，每日必到茶居去"叹茶"，于是便想出一条诡计。有一日，这位破落少爷来到茶居饮茶，暗地里把一只

---

① 茶居：即茶楼。
② 古：即故事。

小麻雀放进茶壶里。当堂倌来斟水时，一揭开壶盖，小麻雀"扑"的一声飞走了。这少爷便大耍无赖，硬说飞走的是一只价值千金的金丝雀，要挟老板赔偿。真是"打死狗讲价"。老板有口难言，只得赔钱息事。为吸取这一教训，自此之后，凡是茶客要加斟开水的，必须自行揭开茶壶盖，并且把壶盖搁置在壶口边上。此种做法，一直沿袭下来，变成了广州茶居约定俗成的例规。

2 福佬方言食区

　　福佬方言饮食风习类区，简称福佬食区。本食区为以闽南方言为主体的饮食风习群体的聚居区，在广东省内主要是潮汕地区，而以潮州和汕头为代表，其中包括饶平、普宁、揭阳、潮阳、澄海、南澳、惠来、揭西以及海丰、陆丰等操用同一方言的地区。据考证，居住在这个地域范围的居民，是古闽越（东越）后裔而融合于汉民族的一支。从潮汕地区历年出土文物及遗址分析，"现在之潮州以及潮汕一些纵深地带，四千年前还是大海之滨，祖先们以渔猎及原始的农牧为主，取食贝类及鱼虾，用骨针连结蔽体的衣片。他们用打制出来的石器，进行生产力极低的生产劳动，用粗软的夹砂陶器处理熟食"（陈历明《潮汕胜迹述略》）。自汉元鼎六年（前111）开始，潮汕地区已有正式建制，置揭阳县。隋唐以来称为潮州，从此就成了文明昌盛之区。从饮食角度看，"潮州食谱虽属粤菜之系，但烹调风味却自成一格。它的来历，可以追溯盛唐。据传韩愈被贬潮州，带来了中原的文化，也包括了烹饪技巧。因地理上毗邻福建，又受到福建菜和江浙菜的影响。在悠长的岁月中，外来烹饪艺术的传播，逐渐同当地人饮食爱好结合起来，形成了特色鲜明的潮州菜"。

潮菜是后起之秀，喜爱潮州菜的中外人士与日俱增，有"食在潮州"之新誉。潮州饮食，以烹制海鲜见长，尤以汤菜和甜品最具特色。诸如"潮州大鱼丸""红烧螺片""油爆鱿鱼""炊鸳鸯膏蟹""生氽日月蚝"均脍炙人口，而"绉纱甜肉"则是喜庆宴席必备食品。潮汕食区宴饮上菜次序，喜欢头、尾用甜品，而芋泥、膏烧白果、马蹄泥等是潮汕甜品之佳品。潮州菜多以当地农产品精制而成，别有田园风味，如潮州卤鹅、石榴鸡、八宝素菜、绿豆爽等，均是当地的大众美食。

现就本食区一些独特之饮食风习，略述如下：

小食风情

潮汕小食店几乎遍布城乡。街头巷尾到处摆满小食摊档，尤以汕头和潮州最为热闹。这些小食风味特别，花样新鲜，有鱼丸、鱼饺、鱼面、粉条、牛肉丸、韭菜、鱼什锦汤、粽球、糯米猪肠，还有卤鹅、卤鹅头、卤鹅翼等，有浓厚潮汕风味。各小食店的餐桌上摆放着各式各样的菜料、佐料，任由顾客食用。许多旅居海外的潮汕华侨和港澳同胞，每当他们回乡省亲，也到街边的小食店，开怀畅饮，品尝家乡风味。最有吸引力的美食是汕头的蚝仔烙，以鲜蚝粒加鸭蛋、薯粉为原料，在平底锅中翻煎而成。边煎、边食、边饮，另有一番情趣。

槟榔大吉

每逢春节，潮汕人家习惯在客厅里放置一盘槟榔和红柑，意为"新年大吉"。如无槟榔便换上橄榄（其外形与槟榔相似），其用意也是如此。每当客人来拜年，主人捧上槟榔和红柑敬客，口称"请槟榔大吉"。客人随之笑纳，照例吃一点，口称"多谢"。

槟榔是热带地区的产物，岭南地区惯用它来定亲待客，潮汕也有此种古俗。加之"槟榔"与"宾郎"同音，

槟榔

再与红彤彤的柑橘结合在一起，"槟榔大吉"于是便巧妙地成了"宾临大吉"的谐音。新年相见，"请槟榔大吉"当然是一种美好的祝愿。

年初一喝薯汤

粤东潮阳人喜欢吃姜薯，除夕围炉宴饮，"甜姜薯"是必不可少的一道菜，特别是大年初一，亲戚朋友前来拜年，主人一定要送上一碗热气腾腾的姜薯汤。按照潮阳旧俗，主人款待其他食品时客人可以辞谢或吃一点点，唯独这碗姜薯汤不能不喝，因为这是表示主人对客人的敬重和盛意。据说，过去新娘子过门第二天，也要吃家婆或小姑特意为她制作的一碗姜薯汤。

姜薯汤，在潮阳人心目中，不是一般的食品，它象征着甜蜜、吉祥和幸福。

吃七样羹

农历正月初七为人日，每临这一天，潮汕旧俗是吃七样羹（或称"七羹汤"）。所谓"七样羹"，就是把大芥菜、厚瓣菜、芹菜、蒜、春菜、韭菜、芥蓝这7样蔬菜放在一起煮食，其意是："发大财""人长久"。关于这一食俗的由来，据传是这样的：从前，潮州有户穷人，父子相依为命。有一年正月初七，儿子过南洋去做工。可是儿子一去，杳无音信，穷老汉更难度日。他猜想儿子一定死了，每年正月初七，都摆上两副匙，表示父子对坐。又有一年，正临正月初七，穷老汉在路上拾到了几瓣菜叶，便拿回家里煮熟，照例摆放两副碗筷。正在这个时候，忽闻儿子寄来了"回头批"（平安信），并汇来一大笔银子，此后穷老汉变成了大富翁。于是正月初七吃"七样羹"的食俗，便广为流传了。

七样羹

婚嫁食俗

潮汕地区旧日的婚嫁礼俗繁缛，有一订（订婚之礼）、二定（择定迎娶吉日）、三聘（送娶聘之礼）、四娶（迎娶新娘子）。在整个婚嫁过程中最有趣的食俗有：

吃猪心 男女双方订婚之后，接着男方就要向女家送聘礼。送聘礼的礼物中，一定要有猪心；而女家回礼，也少不了猪心，而且要把猪心切片，与新娘子同吃。剩下的送回男家，给新郎与家人同吃，意为"男女同心"。

送孖蕉 女家回送给男方之礼物中，一定要有香蕉，而且必须有孖蕉（连体蕉），俗称"鸳鸯蕉"，意为夫妻相亲相爱，永不分离。

吃"结房圆" 新郎新娘洞房之夜，一定要吃"结房圆"。所谓"结房圆"，是用糯米粉或桂圆肉做的汤丸子。吃时专门陪伴新娘子的喜娘（又叫青娘）先作"四句"："夫妻同饮福丸汤，同心同腹同心肠。夫妻食到二百岁，双双谐坐到琴堂。"新郎、新娘各吃两个汤丸子之后，便互换圆盏，再吃两个，谓之"交杯换盏"。此时，喜娘再作"四句"："交杯换盏团团圆，夫妻恩爱乐相随。老君送来麒麟子，明年生得状元儿。"

吃甜饭 潮汕有些地方，每逢过门的第二天，新娘子一大清早要起床下厨，亲自动手煮一大碗甜米饭，待公公、婆婆以及丈夫的兄弟姐妹起床之后，逐一请他们各尝一点。据说新娘子做的这碗饭，糖要从母家带来，还必须唾一口自己的口液混合到米汤里一块煮成甜饭。当然，唾口液入米汤里是不能让人看见的，吃的人也不必多问。据说夫家的人吃了混合新娘子唾液的甜米饭之后，新娘子和夫家全家大小就会融洽相处，生活和睦，互敬互爱，日子过得犹如甜饭一般甜。

坐浴盆吃熟蛋 潮汕的饶平一带，新娘子出嫁前要择日沐浴、更衣。沐浴时，浴盆里须放石榴叶等12种植物的花或叶。浴毕，新娘子要坐在浴盆里吃下两个熟鸡蛋之后才能起来。据说此种食俗是祈求新娘子早生孩子，而且蕴含着产育顺利的美意。

嗜好"工夫茶"

潮汕人素有以乌龙茶泡工夫茶的习惯。工夫茶的茶器独特，冲泡讲究。外地人一般喝茶都用茶盅，或用大壶冲茶。而工夫茶用的却是特制的微型茶壶，它比普通的茶壶要小得多；茶杯是用薄薄的白瓷土精制而成，直径约只有3厘米，高约2厘米。小巧玲珑，冲茶时还要把茶具放置在一套泻水的茶饰之上。

冲泡工夫茶确要讲究"工夫"。冲泡的水质要好，并以炭火烹煮的为佳，还要即滚即冲。冲茶之前先将茶壶烫过，然后放进茶叶（分量约占茶壶容积的80％），随即倒入开水，每冲一次，最多是3至4杯。斟茶也很讲究工夫。先将茶杯逐一用滚水烫洗，然后环回斟茶，名曰"关公巡城"。茶水将尽，滴漏而出，又注杯倾点，名曰"韩信点兵"。这种斟茶方法，是为了使每杯茶浓度均匀。每放置一次茶叶，可连冲几泡，以第二泡为最佳。工夫茶茶味香浓，回甘茶味特佳。正如清代诗人袁枚在他《随园食单》中所描述的："先嗅其香，再试其味，徐徐咀嚼而体贴之，果然清芬扑鼻，舌有余甘。一杯以后，再试一二杯，令人释躁平矜，怡情悦性。"

潮汕地区嗜饮工夫茶，寻常人家也多有一套泡饮工夫茶的茶具，每每以之招待亲朋宾客，也是潮汕人每日必不可少的活动，故有所谓"日食可无肉，不可饮无工夫茶"的说法。因此，在潮汕地区流传着许许多多有关嗜饮工夫茶的传说故事和笑话。据《清朝野史大观》记载，相传潮州有位嗜饮工夫茶的富翁，一日，家门外来了一个乞丐，请见富翁说："听说贵府茶道甚精工，可否赐饮一杯？"富翁诧异道："你也懂得工夫茶？"乞丐说："我原也是富人，因嗜工夫茶而破落的。"富人见是同道，于是就给他一杯喝。乞丐品毕，说道："茶虽好，可惜未醇厚，乃因新壶之故。我有一老壶，是往日所用，至今还带在身边，饿死也不卖也。"富翁听罢向乞丐要来一看，果然是把好壶。便征得乞丐同意试冲一壶，香气清冽，富翁欲买下。乞丐说："我不能全卖给你，此壶价三千两银子，卖一半就是只要你一千五百两回去安家，存一半在你处，这样我就可以常来你处'共享此壶'，怎样？"富翁是个茶鬼，觉得交此茶友也不错，便答应了他，给了他1500两银子，此后便结为挚交茶友。"这大概也是茶迷之乡，才能够编撰出的另一种《警世通言》罢。"（秦牧《食在潮州：中国茶道》）不过，这也足以说明潮汕人嗜好工夫茶的癖性之固矣。

3　客家方言食区

客家方言饮食风习类区，简称客家方言食区。本食区是指操用客家方言的饮食风俗群体聚居区。其居民几乎遍布广东全省，其中纯客家群体聚居的地区有：梅县、兴宁、五华、平远、蕉岭、大埔、连平、和平、龙川、紫金、仁化、始兴、英德、翁源、陆河等；非纯客家群体聚居的地区有：南雄、曲江、乐昌、乳源、连州、连南、连山、阳山、惠阳、海丰、陆丰、博罗、增城、龙门、深圳、东莞、花都、清远、佛冈、开平、中山、从化、揭阳、饶平、信宜、河源、丰顺等30多个地区。由于客家居民分布甚广，为叙述方便，本食区以梅州为中心介绍其饮食风习。

梅州地区的客家居民，是来自黄河和长江流域的汉族，是中原汉族的分支。秦始皇派驻岭南戍边的50万大军中，有一部分留在梅州地区安家落户。其后是西晋至唐宋元明清的1000多年间，历代出仕梅州地区的官员，以及因战乱和天灾辗转迁徙到梅州的北方和中原一带的汉人，与梅州地区的土著居民（越族）在长期交往中融合而成。故客家饮食文化，既有中原古老饮食风俗的传承，同时又有南方少数民族食俗的遗风。以"中元节"而言，广东各地都过，但客家过得特别隆重。

农历七月十五为"中元节"，又称"盂兰盆节"，客家人叫过"七月半"。相传"盂兰盆节"是一个南朝梁武帝时才开设的佛教节日。"盂兰盆"是梵文音译，意思是"救倒悬"。据《盂兰盆经》说，释迦牟尼的弟子目连不忍看到死去的母亲在地狱受饥饿、倒悬之苦，求佛救渡。释迦牟尼要目连在七月十五备百味之食，供养十方佛僧，借佛僧的恩光使母亲得解脱。佛徒根据这个传说，形成了这个节日，故又谓之"施孤"。流行于客家地区的超度亡灵的"打莲池"，就是由目连救母演化而来的。每逢这天，梅州各地的人们都不下田干活，在家聚饮，做"田圆"①拜祭伯公，有些地方还用三牲酒食祭祀祖先。民国前期，梅州当地有钱的人家还要请僧尼诵经超度亡灵，为亡灵"烧钱""烧衣"。这一方面是受到佛教的影响；另一方面，又与客家先民因在频繁迁徙中丧生的不少亲人未及安葬，故借此拜祭"孤魂野鬼"的心态有密切关系。所以，客家人过"中元节"时的敬祖、祭祖、聚饮，也就显得异常隆重。据说新加坡华族中的客家人过"中元节"，长达1个月之久，更可见其祭祖感情之烈了。

客家人有一个传统的饮食习惯，即平时一日三餐粗茶淡饭，节衣缩食，即使是较为富裕的人家大体上也是如此；可是逢年过节，则尽可能吃得丰盛，大鱼大肉，正所谓"平日莫斗聚，年节莫孤凄"，意为平日不要聚饮大吃大喝，逢年过节就不要寒寒酸酸。在烹调技术方面，客家菜既有"北味"又有"南风"，自成一体。客家的"东江菜谱"，被列为粤菜的三大菜谱之一。东江菜下油重，味偏浓，朴实大方，有鲜明的地方特色。广东客家有许多传统名菜和乡土风味小食，素为国内外食客所称道。如东江盐焗鸡、浮水大鲩丸、梅菜扣肉、红炆肉、水晶豆沙扣肉、捶丸、酿豆腐、炒子鸭，还有兴宁的药糕、炙糁、蓼

---

① 田圆：指用糯米粉和红糖做成的圆丸。

花，梅县的酵饭、煎芋丸、白渡牛肉干，大埔的简叛、珍珠粉、糍粑、忆子叛、薄饼、鸭松羹，丰顺留隍的云片糕，平远的黄饭，蕉岭的锅丬饭等。

除上述之外，客家饮食还有一些鲜为人知的特别食俗：

年初七吃"七色菜"

客家人过年，年初七要吃"七色菜"（亦称"七样菜"），即芹菜、蒜子、葱子、芫荽、韭菜，另外两种是鱼或肉。这7样菜是"一锅熟"，煮好合家共吃。此种食俗，据说是取其兆头：芹菜的"芹"，客家话与"勤"同音，意为吃了之后做事勤快；蒜子的"蒜"，与"算"同音，意为吃了之后"会算"；葱子的"葱"，与"聪"同音，意为吃了之后"聪明"；芫荽的"芫"，与"缘"同音，意为吃了之后"有缘"；韭菜的"韭"，与"久"同音，意为吃了之后"幸福长久"；鱼与"余"同音，肉与"禄"同音。把"七样菜"凑合起来就是："勤快、会算、聪明、有缘、长久、有余、有禄"。可见，客家人过年吃"七样菜"是以谐音祈求家庭的幸福。此种食俗其源流古远，据南北朝时的《荆楚岁时纪》说："正月初七日……以七种菜为羹。"由此可知，广东客家人年初七吃"七样菜"是荆楚风俗之沿袭。

天穿节煎煎饼

元宵节之后第五天，即正月二十为"天穿节"。旧时每逢这天，粤东客家各地农村妇女要做甜饭，用油煎成饼，或把过年留下的"煎堆"蒸好，在上面插上针线，谓之"补天穿"。"一枚煎饼补天穿"之诗句，就是说此习俗。"天穿日"这天，农家人不下地耕作，只在家中干活。据说这天是女娲补天的日子，如果下地劳作，会触犯天神。清代学者俞士燮在《癸巳存稿》对"天穿节"考证说："天穿"是二十四节气中的"雨水"，"补天节"是祈求"雨水，屋无穿漏"的意思。而粤东客家在"天穿日"这天在煎粄上插上针线的做法，就是由此古俗传承而来的。

逢年过节"酿豆腐"

所谓酿豆腐，就是用鱼胶或肉酱，加上葱白、胡椒粉等配料拌成肉馅，将正方形的豆腐对角切开，把肉馅塞进

酿豆腐

切面内，放进油锅煎成金黄色，加汤炖熟，再添上熟油和其他配料，即可上席。

酿豆腐有肥、咸、热、香、滑、嫩的特点，秋冬季节打边（打火锅）时吃更有风味。还有一个孙中山吃"羊斗虎"的故事呢。1918年5月，孙中山到梅县松口视察，同盟会会员谢逸桥请他吃酿豆腐，孙中山边吃边连声赞妙，于是问及菜名。一位乡绅用半生不熟的普通话回答："这是'羊斗虎'。"孙中山听了，高兴地说："羊斗虎？有意思！"同席的人，连忙解释是酿豆腐，孙中山听了哈哈大笑。

其实，客家人爱吃酿豆腐，除了其营养、实惠、可口之外，恐怕还有更深沉的历史积淀。据说这与北方居民过年爱吃饺子有关。逢年过节，中国黄河以北的居民习惯包饺子，这是世人共知的。但是客家人自中原南下广东之后，因岭南以大米为主食，缺少麦面，要保持此一食俗就很困难。于是他们因地制宜，就地取材，想出了"酿豆腐"这种食法代替吃饺子。于是这种食俗就慢慢流传开去，演变为客家的名食。

"鸡头鱼尾"

客家人无论大小宴席，一般来说第一道端上席的菜便是鸡，如"白切鸡""酸姜鸡"或"盐焗鸡"之类。据传，鸡原名为"吉"，是天宫吉祥之鸟，因犯天规贬落人间被人喂养。人们为了取个好彩头，第一道菜上鸡，意为"开筵大吉"。最后一道菜，一般都是鱼，取意为"吉庆有余"。因此，人们根据客家这种宴饮例规，称之为"鸡头鱼尾"，其意为"万事吉当头，好事常有余"。

擂茶待客

居住在粤东山区的客家人，流传着"擂茶"这种食俗。凡姑娘出嫁之前，接受喜糖的邻居，必定要擂一钵香擂茶，请姑娘吃，表示祝贺；凡某人家有人病愈，也要煮擂茶请照顾过病人的亲朋邻里吃，以示酬谢；凡夏秋季节，天气炎热，人们劳动过后常常不思饮食，都以擂茶为午餐；凡有客人来访，午餐之前也必定要煮擂茶招待。

擂茶

擂茶配料独特，制法却比较简单。煮擂茶前先把花生、油麻、香茶、园香、金不换或苦棘芯放进刻有螺纹的陶钵中，用擂茶棍擂成粉末，泡上开水，然后在砂锅里炒些萝卜干、格蓝菜、大蒜、青葱、黄豆、白菜等菜类，或者再配些虾米、瘦肉丝、鱿鱼丝等，最后混合炊熟的白

米饭（或煮爆米花）便可食用。吃起来咸、香、甜、苦、甘、辣、酸各味俱有，可口开胃，另有风味。据说，正月十五元宵佳节，客家人几乎家家户户都煮这种"十五样菜茶"。对这种"菜茶"，青年妇女、小姑娘尤其感兴趣。

4 粤北瑶族壮族食区

聚居在广东省北部山地的瑶族和壮族，除使用本民族的语言外，大多数人都通晓客家话或广州话，兼用多种语言进行社会交际。他们的饮食生活习惯，与当地汉族相差不远，但作为不同民族，亦有其各自的特殊风俗习惯。因此，分为瑶族饮食风习文化圈和壮族饮食风习文化圈进行介绍。

瑶族绿洲

（1）瑶族饮食风习文化圈

粤北的瑶族，主要分布在连南、乳源、连山3个民族自治县，其余散居在连州、曲江、翁源、仁化、乐昌、阳山等地。瑶族没有本民族的文字，瑶语属汉藏语系苗瑶语族瑶语支。粤北的瑶族是一个历史悠久的民族，他们的先民是秦汉时期"武陵蛮"或"五溪蛮"的一部分。早在隋唐之际，粤北就有瑶族居住，宋以后入粤瑶族日增，由于"长期的迁移，不断和汉族以及其他各民族接触，自然同化的现象相当普遍"（广东省民族研究所《广东少数民族》编写组编《广东少数民族》），因此，瑶族的饮食风俗习惯与汉族基本相同。他们日食三餐，以大米为主食，还有玉米、地瓜、芋头等杂粮，常以大米拌玉米或其他杂粮煮饭。虽然他们也喂养猪、牛、羊、鸡、鸭等家禽牲畜，但平时以素食为主，逢年过节才劏鸡杀鸭宰猪。瑶胞禁忌狗肉，爱吃油豆腐，有所谓"无豆腐，不成席"的说法。

此外，还有以下的一些饮食风俗习惯。

惯吃大锅菜

粤北的瑶胞过去不讲究烹调技术，除了盐、油之外，几乎没有别的调味品，习惯吃"大锅菜"。所谓"大锅菜"，也就是逢年过节把猪肉、鸡肉或其他肉类与豆腐、青菜放在一起，合在一锅共煮。肉是大块大块的，煮熟之后便大盘大钵上桌，不加调料。但宴饮时却十分讲究礼节。宴饮之前，如有人缺席，不论尊卑都得准备个空碗，先把菜留给缺席的人才开始宴饮。瑶胞说："食得平，做得行"，意思是有工大家做，有食大家食，这样做工才起劲。每当举筷用菜，必定相互谦让之后才能起筷，否则视为食相不佳。

常食"冷餐"

所谓"吃冷餐"，就是瑶胞将早上煮好的饭菜，装在饭瓢里带到田头山地里，中午吃饭时不需加热，就这样用餐。因为瑶胞到田里或山里干活，一般距离村寨都比较远，早出晚归，因陋就简，就地用餐，故又谓之"吃野餐"。当然，也有吃"烧餐"（热餐）的，那就是瑶胞在中午休息时捡些干柴生火，将带去的芋头、番薯之类的杂粮放在火炭里一煨，就可作为午餐。如果偶遇猎物，捕捉到飞禽野兽，他们就地宰杀，立即生火烤食，这便是最富有野味之"烧餐"。据瑶胞说，他们一年有三分之一的时间是在山上吃"冷餐"（野餐）的。

嗜好烟酒

瑶胞嗜好烟酒，已成为其饮食风习的一大特色。在瑶族地区，不论红事白事，或是商议众事，都离不开烟和酒。有道是"烟酒先行"，已成了没有条文的礼规礼俗。

瑶族男人有90％以上嗜好抽黄烟。烟叶是自种自用的，他们每人都自制用金竹子做的烟斗，随身佩带，去到哪抽到哪。烟味浓烈，抽得格外提神。他们抽烟还有一个习俗，如果你到瑶家去，先敬瑶胞一支烟，再拿他的烟斗抽一口他抽过的烟，他就非常高兴，说你"够朋友"。

瑶人饮酒成了一种癖好，而且用碗不用杯。一大碗酒，一饮而尽，毫不推搪。饮前先洒一点在地上，叫"阿公饮酒"，表示对先人的崇敬。凡到瑶家做客，如果你为他们送上两瓶酒，他们对你就刮目相看，显得格外亲热。在婚宴上，主人唱歌奉酒敬客；客人以歌相答，并接酒饮尽，此谓之"酒歌"。例如：

宴王唱：

饮酒浆，

手拿酒碗敬客尝，

淡酒当茶表心意，

客人饮酒主心欢。

宴客唱：

好龙酒，

手接酒盅谢主人，

一盏好酒当千盏，

隔山闻到酒味香。

宴主唱：

饮酒浆，

酒盅盛酒串杯敬，

今年歌堂饮过了，

来年再把酒斟满。

宴客唱：

谢龙浆，

一来多谢主人勤，

二来多谢唱歌妹，

好歌好酒好名扬。

瑶胞好客，如果你到瑶家去碰上他们喝酒，你不陪他们喝上两碗，他们就不高兴，还以为你看不起他们。以酒交谊，就是瑶家的酒规。

瑶家美食

但凡喜庆节日，瑶家举行盛宴，尽管菜肴品种不多，也要摆上逢双的12至20碗，以示隆重。而且酿制的食品是不能缺少的好菜，诸如酿豆腐、酿竹笋、酿辣椒、酿菜包①等。

此外，熏肉和糍粑，也是瑶族的美食之一。熏肉，

---

① 酿菜包：即用猪婆菜菜叶包着做好的糯米饭，做成菜包。

是把猪肉或捕猎到的野鸡、野猪等猎物的肉，切成一块块，放在"烟楼"①里用火慢慢熏干。熏肉可放置一年半载，其皮脆，其肉爽，很有民族风味。糍粑，是用瑶寨特有的香粳或糯米制成的。瑶胞先把大糯煮成干饭，然后用碓舂烂，再捻成碗口那样大的糍粑，浸泡在水里。吃时捞上来烘热，放上蜂蜜或糖浆，又软又韧，美味可口，别有风味。

（2）壮族饮食风习文化圈

粤北的壮族，主要聚居在连山壮族瑶族自治县。据《连山县志》记载，该县壮族是在14世纪末，即明代洪武年间从广西迁来的。他们迁来之后，和汉族、瑶族交错杂居，关系密切。粤北的壮族，在日常交往中，除使用壮语外，一般都会讲广州话，因此广州话也是其通用语。由于这些壮族与汉族长期交往，言语相通，其饮食风俗习惯亦与汉族大同小异。他们日食三餐，以稻米为主食，常掺食地瓜、芋头等杂粮，但也有其特别的饮食风习，兹简述如下。

爱食酸物

粤北的壮族，几乎每家都有酸菜缸，壮语叫"引"。一年四季都浸泡有酸豆角、酸芥菜、酸萝卜、酸辣椒、酸

---

① 烟楼：指火炉塘上面的小架。

荞头、酸芋梗等作为佐膳。此外，还有酸鱼、酸猪肉、酸鸭肉、酸鹅肉等，是把肉切成块，煮熟晾干，拌以炒米粉放入罐内密封，不日即变酸肉。壮语叫"挪抓"或"挪候散"。这是一种传统的肉类贮藏法。壮胞自己吃时通常不再蒸煮，如逢宴请客人则蒸熟而食。

食生肉生血

粤北壮胞，喜欢用生猪肉和猪血，配以花生、香料灌入猪肠里，煮熟后切片待客，壮话叫"巫帮"。但有些地方还保留吃生肉、生血的习俗。其食法是：把猪肉、牛肉或鲜石蛤切成薄片，先用浓酸醋洗去血水，然后再用酸醋泡1个小时左右，捞起来拌以葱花、花生粉、生紫苏叶和香菇、木耳（切丝后炒熟）、熟切粉等为配料，即可食用。此种食法，芳香可口，爽而不腻，据说还有清热、祛暑等作用。

至于食生血，则另有一番风味。凡遇到杀鹅杀鸭，壮胞就把鸡、鹅的血注入盛有酸醋的碗里，血与酸醋相混变黑，再用生姜、葱花、生紫苏、生韭菜一起拌匀，用作吃白切鸡、鹅肉的蘸味佐料。此种吃法香滑可口，壮话叫"必劣迷"。

饮酒礼规

壮胞在日常生活中和喜庆宴饮，都少不了"水酒"。所谓"水酒"，是壮胞用粳米或黏米自蒸自酿的一种米酒，味淡而香醇。壮族宴饮时男女不同席，开饭时先酹酒表示敬祭天地，接着主人和客人用手指蘸酒在宴桌上画一个圆圈，互致"吉利"及表示谢意。随后双方揽颈串杯，以表示尊重和亲热之情。

壮家白糍

春糍粑，是粤北壮族过年过节或喜庆之日必不可少的食物。白糍粑是用糯米制造的。先是将糯米浸透，蒸成饭，然后放入石春里，由小伙子们挥动木杵捣烂成浆，接着由姑娘们捏拍成圆饼，作为馈赠亲友们的糕点。每当春米做糍粑之时，就是未婚青年男女相识的良机。他们彼此认识、建立感情之后，如果女方接受了男方送来的白糍，分赠给亲友，即表示了婚姻告成。这种用白糍象征爱情和美好的食俗，确是独具民族特色。

尝新米

"尝新米"通称为"尝新节"，壮语叫"拜久那"，原意是在每年农历六月初六前后割新禾、拜田头神，要蒸二三斤重的糯米粽子来庆贺。是壮家的大节。

四月八食俗

农历四月初八古称"龙华节"，俗称"牛皇诞"。节日这天，除了以野生植物蒸煮黄、黑二色糯米饭，用嫩竹叶之类包裹后分别喂黄牛、水牛之外，还宴亲会友，甚是热闹。有些壮族村寨吃糯米时不用筷子，而是将糯米饭捏成饭团，用手抓来吃。家中如有身体孱弱的小孩，则令其手抓色饭，身披蓑衣，头戴竹笠，跑到牛栏里吃饭。其寓意是祈望小孩像牛那样快长和健壮。

五

古今食俗

1　何谓"九大簋"？

"簋"（粤语读音为"鬼"），原指古代放置食物的器皿。其形状或方或圆，有木制的、竹制的、陶制的和铜制的几种。原是当时贵族的食器或祭器，后来渐渐流传到民间。广东民间于是有"九大簋"之说。

何谓"九大簋"？意为宴席丰盛，有9个大簋装放菜肴食物。古时祭祀，常言"二簋""四簋""八簋"，唯粤、港、澳一带，惯称盛宴为"九大簋"。在"九"与"簋"之间还加个"大"字，不但言其多，且含有极其丰盛、隆重之意。古人谓"造化之初，九大相争"，"九大"即风、云、雷、雨、海、火、日、地、天之谓也，此乃万物之最。据佛山市三水区金本镇一座东汉前期的古墓

九大簋

出土物来看，粤人所言之"簋"，是可装五六斤米饭之"大碗"。按今人的食量，"九大簋"可供百余人享用。由此可知，"九大簋"是极言其饭菜之丰盛，夸耀其宴席规格之高。如：

喜酌　为迎亲正日举办的宴席，每席菜肴为九式（碗），号称"喜酌九大簋"。

暖堂酌　是新婚夫妇合卺交杯之宴，人称"高头五树四如意"，合曰"暖堂九大簋"。

开灯酒　又叫开灯宴，是生子翌年挂灯之喜宴，每席菜肴九碗，亦称"开灯九大簋"。

寿酌　系庆贺寿诞之宴。"九"与"久"粤语同音，取其"长长久久"之吉兆，每席菜肴要有九品，谓之"寿酌九大簋"。

这种传统礼俗，广东一直传承至今天。比如1986年10月18日，英国女王伊丽莎白二世到访，广东省政府在广州白天鹅宾馆举行盛宴，宴席上"四菜一汤一点心"，连同饭、甜品、水果共计9个款式，即"月映仙兔""双龙戏珠""乳燕入竹林""凤凰八宝鼎""锦绣石斑鱼""金皮乳猪""清香荷叶饭""淋杏万寿果""一帆风顺"。其中，"一帆风顺"是用新鲜哈密瓜雕成风帆和船体，内盛冰冻果粒，取其如意吉祥之意。这一宴席高雅、名贵、新颖，其菜肴风味不仅有浓厚的广东特色，其礼俗也是以传统的"九大簋"为规范。

2 "焗雀"之谜

"焗雀"曾是脍炙人口的广东名菜。"焗",是粤菜烹调的一种方法。即把食物配齐佐料后无须放水,而用文火慢慢烘烤,此谓之"焗"。"雀"者,是指禾花雀,即今已列为国家一级重点保护野生动物的"黄胸鹀"。

这味脍炙人口之广东名菜和这种"焗"的食法,源起何时?一直是个谜。

广东人食用禾花雀的食俗,起源较早。1983年于广州象岗山发掘的西汉时期南越王赵眜之墓的墓室里有些陶罐,装着许多火柴棍大小的骨骼(200多只)。此是何物?经鸟类专家鉴定,是禾花雀的骨头。从这些禾花雀遗骨来看,当时人们吃禾花雀是先剥去无肉的小腿和腿爪。再从陶罐夹杂着的黄土和木炭来看,不难推测当时炮制禾花雀的方法——"以土涂生物,炮而食之"。此种炮制法,亦即烘烤,类似粤人所说的"焗"。"焗雀"之说,大概是由此嬗变而来的。

粤人"焗雀",和湖南省马王堆一号汉墓出土竹简所书的"熬雀"是一脉相承的。由此推断,楚人的"熬雀"和粤人的"焗雀"这种食风和食法,在2000多年之前已经相当流行。上至王孙,下至庶民,均同出一辙。当然,如今禾花雀已被《世界自然保护联盟濒危物种红色名录》列为极危物种，禁止捕猎，因而今人也只能从相关历史遗存与史籍中了解这一道曾经的广东名菜。

3 "牙祭"小史

旧时广东商场有个习俗叫"牙祭"。何谓"牙祭"？过去，商界每逢农历大年初一照例"休市"，停止营业一天；年初二开门营业，则谓之"开市"，也叫作"开牙"。开市当天，因是一年之始，相当隆重。开门要燃烧"万头"长炮，谓之"开门红"。还要拜祭财神爷，大摆酒宴庆贺，祈求"开门大吉""生意兴隆"。宴席上要按"九大簋"设置酒茶，而"生菜"（生财）、"生鲤"（生利）、"发菜"（发财）、"大蚝"（大豪）之类的好彩头菜肴是绝对不可少的，这种"开牙宴"也就是所谓"牙祭"。

"牙祭"此种习俗由来已久，它源起中国古代之"祃牙"。据《宋史·礼志》解释："祃，师祭也。军前大旗曰牙，师出必祭谓之祃牙。"可见"祃牙"乃是古代军旅中祭拜牙旗之大礼，确是非常虔诚肃穆的。在商界，俗语说"同行如敌国"，尔虞我诈，犹如军旅之中带有几分风险。一年之中首日开市，先行模仿军旅举行师祭，祈求旗开得胜，生意兴隆，财源广进，这是很符合老板期望的。因此，"祃牙"便从"师祭"慢慢演变为"商祭"，成为一种例规。

粤人所说的"开牙""做牙"，也即"祃牙"（牙祭）。然而，此种习俗发展到后来，不但正月初二要做"开头牙"，凡是农历每月初二，甚至十六，也要做"牙祭"。店户平时多为蔬食，隔若干日肉食一次，也叫"牙祭"。此种风俗习惯在清人吴敬梓所作《儒林外史》第十八回中也有描述："平常每日就是小菜饭，初二、十六跟着店里吃牙祭肉。"所以，往日打工仔揾"事头"[①]，除了当面言明每月工钱红利之外，每月有几次"牙祭"也得事先讲清楚。当饮完年初二的"头牙宴"酒之后，如果老板宣布"炒鱿鱼"[②]，则要另找东家，因此，饮年初二的"头牙"酒，对于"打工仔"来说，并非完全是美餐，也可谓是"过关"。

"牙祭"这种旧俗，在广东各地业已罕见，但在港澳以及海外一些地方，至今还很流行。

---

① 事头：即老板。
② 炒鱿鱼：即解雇。

4 敬老与"挟食"

敬老，是中国各民族共同的传统美德。在粤东梅州一带客家地区，早就流传着一种特别的敬老食俗——"挟食"。这种食俗，笔者儿时也曾目睹。以当时的眼光看，感到寒酸而难堪。但今日重新思考，却又有不同的感受。

何谓"挟食"？即凡喜庆宴饮，席间有些妇女将自己舍不得吃的佳肴美食，夹到自己预先准备好的盛器里，以便散席后带回去孝敬老人或长辈。为什么广东梅州客家地区会有这种食俗呢？且看下面的一段故事：

相传古时候，梅州有个妹子叫小凤，她嫁到西村，过门不久丈夫和公公相继不幸去世，家境贫寒，婆媳相依为命。有次村里大户朱富伯大寿，要小凤去帮厨。宴席上，小凤看见各式各样的佳肴都舍不得吃，只是喝汤，把肉食等美食尽数夹到空碗里。散席后，她高高兴兴地带回去给婆婆吃。不料走到家门口，一个趔趄，一碗肉全倒在地下。小凤难过极了，婆婆见状劝说没关系，把肉拾起来洗干净煮热再吃就是了。有一天，忽然雷电交加，小凤以为是因为她给婆婆吃了"倒地肉"①，雷公要打她，惩治

————————————
① 倒地肉：即倒在地上的肉。

她的"不孝"。她害怕在家遭雷打会殃及婆婆。于是，她冲到村外的古树下，等候雷公劈。婆婆得知，赶忙追赶上去。只听见"轰隆"一声巨响，大树倒地，小凤却躺在银堆上。婆婆叫醒小凤，惊喜交集，欢喜得说不出话来。自此，小凤和婆婆过上好日子，并时时接济邻居，而"挟食"此种风俗便流传开去。

从历史眼光看，客家"挟食"这种习俗也是中原食俗遗风。据陕西省汉中地区相传，春秋时期，郑国已流传这一风俗。郑庄公为表彰孝子颍考叔，凡参加宴会的人，都可以效仿颍考叔把美食包回家去孝敬父母。时至今日，"挟食"之类的这些风俗习惯，或已被人们淡忘，或以新的形式代替了。但这种习俗的敬老意识，还是值得弘扬的。

5 "满汉全席"之怪招

关于广东旧日的古怪饮食习俗，常常透过一些老字号的酒楼饭馆也能窥见。

广东南海人胡子晋作于清朝光绪年间的一首"竹枝词"：

由来好食广州称，菜式家家别样矜。

鱼翅干烧银六十，人人休说贵联升。

词中所说的"贵联升",就是100多年前位于广州市西门内卫边街的一间著名老酒家。它以制作"满汉全席"而驰名粤港澳。

说到"满汉全席",那是颇费工夫的饮食,可谓中国宴会史上之"最高峰"。"全筵"是清代后期由天津风味饭庄"八大成"之一的义和成饭店创造出来的。全席共182道菜,由134道热菜和48道冷菜组合而成(一说大小菜式为108款)。当时要吃上一席"满汉全席",根本不能限定日期,要等材料采购齐全之后,才能通知食主和食客。而且吃全席,也非仅吃一餐,而是持续整日的聚会宴饮,甚至要分为好几天,堪称得上"马拉松"式聚宴。更为古怪的是,旧时"满汉全席"还有几种令人毛骨悚然的菜品,比如食猴脑、食胎鼠、食蜈蚣等,也是受当时风俗影响,如今已不再流行。

6 粤菜菜名杂谈

粤人婚宴或婴儿弥月摆酒,宴席惯用的一味菜式叫"甜酸"。所谓"甜酸"是从菜肴风味而言,即甜中有酸,酸中带甜。因粤语"酸"与"孙"同音,意为"子孙满堂",作为贺人新婚或婴儿满月之吉祥语。事实上,简称"甜酸"这味菜,有"甜酸鱼""甜酸瓜"等。但是,在喜庆之宴，宴者绝对禁说"瓜"字，因为粤语说"瓜"者，即等于说"人死"，说"人死"谓之"瓜老衬"。是故，客人如看见这样菜式由厨子端上宴席，都说"子孙满堂"以换取主人的欢心。倘若不懂得这一礼俗，直呼什么"甜酸黄瓜""甜酸白瓜"，必招旁人责骂。为避免这种不愉快场面出现，粤人在喜庆之宴多用"白云猪手"这味甜酸菜式。这味菜是用"猪手"加上糖、醋精制而成，实际上就是甜酸猪手。但是为何菜谱上却写为"白云猪手"呢？这就有一段小小的插曲了——

相传古时候，广州白云山上有一座寺院。一天，寺院长老下山化缘去了。寺庙里有一位小和尚，乘此机会偷偷弄来了一只猪蹄，企图破戒尝一尝其滋味。于是他到寺门外找来一个瓦钵，躲到山沟里生火燃煮。猪蹄正要煮熟，不料长老化缘归来。小和尚害怕长老知道后将自己开除出佛门，于是慌忙把火熄灭，把猪蹄丢到山下，赶快跑回寺院。后来那只猪蹄被一位上山砍柴的樵夫拾得，拿回家去用糖、醋、盐等调料加工炆煮。制成后果然味道不错，皮脆肉爽，酸甜醒胃，食之不腻。之后这位樵夫照此炮制，常常招待他的乡友品尝，深受食客称赞，很快就流传开去，再经酒楼名师加工改进，遂成广东的历史传统名菜。因这味菜肴源起于白云山，便美其名为"白云猪手"。

在名目繁多的粤菜中，菜谱名称都有一定的来由。粤菜命名方法，通常有以下几种：

一是借吉祥之语而命名。此种命名方法，大体上以方言乡音为谐音，根据菜肴的主要原料而取吉利之名，如蚝豉烩发菜，谓之"好市发财"；百合莲子羹，谓之"百年好合羹"；发菜炆猪手，谓之"发财就手"。

二是以烹调方法命名。其目的在于突出菜肴的主要烹调特色以吸引食客，如"清蒸大鲩""红烧乳鸽""盐焗鸡"等。

三是以烹调的器皿或工具命名。意在显示菜肴的特殊风味，如"铁板烧牛肉""瓦罉焗水鱼"等。

四是以菜肴的形象命名。这类命名一般比较形象，突出菜肴的造型美，如"孔雀开屏鸡""龙凤大拼盘""绿茵白兔饺"等。

五是以地名命名。这种命名的主旨是借菜肴产地的知名度提高菜肴的声誉，如"大良炒牛奶""肇庆沙浦文岁鲤""潮州烧雁鹅""番禺风鳝"等菜肴中的"大良""肇庆""潮州""番禺"都是著名美食产地，早享盛名。

六是综合式命名。这种命名方法，往往将菜肴的主料、配料、烹调方法、风味特点等黏合在一起，如"猪油糯米鸡""香滑鲈鱼球""香菇冬瓜瘦肉盅"等。

总而言之，粤菜命名的方法多种多样，其名称也举不胜举，很有诱惑力，给食客以精神层面的享受。

但是，在粤菜之命名中，有些酒楼饭馆为招徕客人，故意起奇名、怪名、玄名，以致有些菜名叫食客百思不得其解，如"凤阁留香""雪点朱唇""鸾凤和鸣""贺

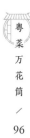

岁喜洋洋"等。这些令人费解、虚有其名的命名方法不可取,有损粤菜传统美名的声誉。

7 "破学"食俗琐谈

儿童初入学堂读书,俗称"破学"。清末民初,广东新制小学虽然日渐兴起,但在乡村基本上还是通行旧学。当时,学童在初入私塾之前都有一套礼规礼俗。这套礼规礼俗在广东各地虽然不完全一样,但以食俗而言,一般都有以下风俗习惯:

凡是新入学的学童,在开馆入学之前,由家中选择吉日,用米粉制成粉角(类似饺子),因它是用粘米粉所做,故叫"粘米角"。这种粉角是以葱或蒜苗做馅,名曰"素角"。如家庭经济富裕加上肉馅,则叫"肉粉角"。粉角蒸熟之后,由父母携学童分派给亲戚朋友,并告知孩子入学的时间。凡收到这份食礼的,都要在学童入学之前回送一份礼物,特别是外公外婆,其"回礼"更要讲究些。一般是送给学童所需的文具,诸如纸、笔、墨、砚之类"文房四宝"。也有送书箧①的,或送包书用的大红布和

---

① 书箧:多用藤片编造,又叫藤箧。旧时不兴用书包而多用书箧装书或学习用具。

新衫新鞋之类的用品。

入学那天早上，学童身着新衫新鞋，手提书箧——书箧耳提处缚着两根长蒜苗或芹菜——书箧内除装有"习字簿"、书本（《三字经》）、墨盒、毛笔等学习用品外，还放有葱苗、荞头等，宛如一个菜篮子，由家人领着到学堂。放学回家之后，则由家里把学童带去上学的葱苗、荞头、蒜苗、芹菜连同粉角一起煮食，表示祝贺。说是学童吃了"葱"会变得聪明（"葱"与"聪"粤语谐音）；吃了"荞头"脑子会变得开窍（"荞"与"窍"粤语谐音）；吃了"蒜苗"会变得识算（"蒜"与"算"粤语谐音）；吃了"芹菜"会得勤奋（"芹"与"勤"粤语谐音）。归纳起来，这就是祝愿学童：头脑开窍，聪明会算，勤奋读书。当然，也有的地方不完全按这例规办，但绝对忌讳给初上学的学童吃鸡蛋或鸭蛋。说是吃了蛋会变成笨蛋，考试成绩也会得个"蛋"（0分）。

8　话说"投酢"

"投酢"，是广东民间过去颇为流行的、用以解决纠纷的一种特殊宴饮方式。

"投"是投诉之"投"；"酢"原意为"盛酒行觞"，引义为"宴饮"。"酢"还有"取善而行"的意思，故有"酌取民心以为政"之说，而"投酌"的含义大抵就是这个意思。旧时粤地民间，若有兄弟或同宗发生争执，一时难于解决，但又不愿意诉讼到公堂去裁处。就由主事者设宴邀请双方共同认为可以信赖的亲友，或当地有一定声誉的人士参加，利用宴饮之机，由赴宴者做中间人，主持公道，提出双方都可以接受的解决方案。

"投酌"宴席的档次，虽无定规，但一般常见的为"五大碗"。缘何如此？这可能"五"与"交忤"之"忤"音近，引申为不和睦之意。于是要通过"投酌"来"化仇为友""化恨为好"。据说，广东有些地方曾出现"摆离婚酒"的风气，依笔者之见，它与"投酌"这一古俗何其相似，也可谓是"旧俗新风"吧！

9 粤西的"年例"与聚饮

粤西茂名、高州、电白、化州一带，有一种习俗叫"年例"。据说，这种习俗已有200多年的历史了，它大概就是《岭南杂记》所记载的那种庙会活动："高州府春时，民间建太平醮，多设蔗酒于门。巫者拥土神疾趋，以次祷祝，掷珓悬朱符而去，神号康王，不知所出。"

所谓做"年例"，最初是指在春节过后不久，男女老幼穿上靓衫串村访友，饮酒聚会。因是一年一次，所以俗称"年例"。后来，做"年例"又与宗族祭祀结合在一起。各村各姓都自建庙宇，供奉诸如"土地公""罗大人""康王""关帝""华光"等神像。由于建造庙堂的时间不一，有农历正月的，也有二月或十二月的，因此各地做"年例"的时间便有不同。做"年例"，先由各地庙堂选出"年例头"（领头人），并由他负责筹钱，放"年例"红榜，发"年例"符。举行"年例"当天，由一名道公佬（道士）唱主角，一群人吹着长笛，扛着10多面大牙彩旗和一条竹扎纸糊的龙船，抬着庙堂的神像游村。每到一村，则按族房集中设立摆供。祭品中要有一整只鸡，鸡嘴啄住一张"年例"符。善男信女则轮流向神像跪拜，祈求平安，百业兴旺。晚上放鞭炮，挂花灯，然后"押鬼"上花船，扛到河边烧毁。最后接送菩萨回庙，就算完事。第二天，便举行聚宴，凡是亲戚客人，聚在一起，大饮大喝。如在这一年之前生育得男丁者，还要在供神的大厅里点花灯和派送用糯花制造的"糖粒"。

年例一度衰落，后又开始复苏，今则盛行如前。有些地方沿用旧的说法，还是叫"年例"；有些地方却换个叫法，谓之"聚会"，或叫"饮期"，意思是亲戚朋友趁这个机会相聚在一起，饮酒共乐，密切交往。总而言之，做"年例"这种庙会活动，逐渐从迷信活动，演变为民间的聚饮，其迷信色彩虽然还有一点儿，但比起过去已经明显淡化。

10　肇庆裹蒸轶闻

　　广东端州（今肇庆）过春节有一种特殊的食俗——食裹蒸，在广东其他地方并不多见（据说广西梧州也流行这种食俗）。而裹蒸这种食品，又与农历五月初五端阳节所吃的粽子（古称"角黍"）不大一样，它是以糯米、绿豆（去皮）、肥猪肉为主料，并以肇庆的特产——碧绿柔韧，经冬不凋的"柊叶"来包裹的。为何要用柊叶包裹呢？因为这种叶子清香柔软，且能防腐，"盖南方地性热，物易腐败。唯柊叶藏之可持久，即入土千年不坏；柱础上以柊叶垫之，能隔湿润；亦能理象牙使光泽。计粤中叶之为用，柊为多"（清屈大均《广东新语》卷二十五）。因此，用柊叶包裹的裹蒸很有地方特色。

　　端州人为何过春节习惯吃裹蒸呢？相传与包公有关。

　　据说，包拯在端州任职时，造福于黎民百姓，平反了许多冤狱，深得人心。后来调迁殿中丞。当他离开之时，正当寒冬腊月，端州人感到无什么可送行，于是家家户户都用柊叶包上糯米，放置在大瓦缸里蒸煮。待包大人上船之际，人人提着裹蒸赶至码头，馈赠给他，作为旅途上的食物。谁知包公一向廉洁奉公，不贪百姓一钱一粮，婉言谢绝。端州百姓无可奈何，只好站立码头上含泪与包拯告别。他们把裹蒸拿回家后也舍不得吃，便把裹蒸挂置墙上，说是等到大年初一给包公拜年之后才吃。从此，便沿袭下来，嬗变成了端州人春节吃裹蒸的风俗习惯。

包公祠

诚然，包拯确系在康定元年（1040）任端州知州。尽管他在端州就任时间不长，但他清正严明，"岁满不持一砚归"①。在他治下，端州"地方千里，不识贼盗，吏无叫嚣……海隅之民，户诵人咏……"（元王揆《包孝肃公祠记》）。但是，是否因他而产生端州人过年食裹蒸这一食俗呢？那就不得而知了。因为早在宋代以前就有春节吃粽子的记载，但这种习俗曾仅仅流行于东吴会稽（今绍兴）、嘉兴和湖州一带。三国时期，有不少东吴人从会稽南迁入粤，是故端州人春节食裹蒸之俗，会不会是吴越之

---

① 端州之墨砚，曰端砚，岭南一宝，被列为贡品。

地春节吃粽子之遗风？这就有待进一步考究了。不过，包拯在端州为百姓做了许多好事，端州人以春节包裹蒸这种形式来怀念他，敬颂他的廉政和业绩，也是完全有可能的。

11 "及第粥"说趣

广东人，特别是广州地区的居民，为何惯称将猪肉、猪肝、猪粉肠三者一起滚成的粥为"三及第粥"呢？

"及第"原意指科举时代考试中选，而粥食又缘何与此有关呢？说来确实有趣。

话说清代末年，广州有个肉贩子上街叫卖，天天经

及第粥

过一间私塾，塾师是他的老主顾。肉贩子是个文盲，但为了记账，请塾师教他认识了"猪肉、猪肝、猪粉肠"几个字。

有一年科场开考，好事者怂恿肉贩子去应试，说功名全靠祖宗积德。肉贩子信以为真，便赶去赴试，在卷上只写了"猪肉、猪肝、猪粉肠"7个字。岂料主考正是当年的塾师，塾师有意让肉贩子欢喜一场，于是自己另写一篇换下肉贩子的试卷，结果肉贩子高中。

塾师主考完毕，恐肉贩子下次再来，便交代同僚如下科发现卷上有写"猪肉、猪肝、猪粉肠"的，应把其刷下。岂料第二科开考时，肉贩子又来应试，依旧写了7字后便交卷。主考看后啼笑皆非，但想到前科主考早有交代，莫不是暗示要多多关照，不若做个人情，又代写了一篇让肉贩子再次高中。

京试期近，肉贩子想借此游览沿途风光，于是又整理好行装，上京赴考。不料到京时，已停止进场，肉贩子呆立门外，形如木鸡。刚好王爷经过，遗下一个灯笼。肉贩子捡到灯笼，得以顺利进入场内，并把灯笼架在座位旁边，依旧写下那7个字后便交卷。主考见卷，目瞪口呆，但想到那灯笼是王府之物，自认为事出有因，只得代写一篇，又让肉贩子高中。

后来，有人问：你三次及第靠什么？肉贩子说："猪肉、猪肝、猪粉肠。"

这则传说故事滑稽有趣，是关祥先生整理后刊登在

《广东食报》上的。然而还有一种说法，似乎比较实际。猪的肠脏在猪肉行和饮食业中，被粤人通称为"下水"，但在菜谱上不宜直书"下水"这一诨号。为了提高"下水"的地位，美食家便给它一个雅称，名曰"及第"。因此在饭店菜谱中便出现了"炒及第""及第汤"之类的菜名。其后，粥店也把用猪内脏烹调的粥品易名为"及第粥"。

至于说广东民间过去在正月初七吃"及第粥"，这种风俗习惯亦由来已久，据《东方朔传·岁时节》云："天地开初，一日鸡，二日狗，三日猪，四日羊，五日牛，六日马，七日人，八日谷。"故农历正月初七谓之"人日"，是众人生日。这种传说由古及今，迷信这一说法的人，年初一不杀牲，不劏鸡拜神；到了年初七则吃"及第粥"或"七样羹"，取其吉兆而已。

"人日"乃吉日，又是一年伊始之际，人们让儿女们吃上"及第粥"，期望开科中选，金榜题名，当是一种美好的祝愿。由于民众怀有这种心态，而"及第粥"又是广东的传统美食，所以正月初七"食及第粥"的食俗，历久而不衰。

12 "蓼花"与祝枝山

"蓼花"是用糯米粉、芋头、芝麻、砂糖为主料制成的一种糕点，它不但在兴（宁）梅（县）一带著名，也在很久以前就远销海外，在新加坡等东南亚各地颇有名气。它是糕点，为何叫"蓼花"？据说与江南才子祝枝山有关。

相传，当年祝枝山出任兴宁知县。有一天，这位原籍江苏苏州的祝知县，突然想吃家乡的"糯米糍"，便请来一位兴宁当地的糕点师傅，口授"糯米糍"的制作方法，让那位糕点师如法炮制。可是糕点师觉得祝知县所说的点心很一般，没什么特色，因此没有完全按他的方法去制作，而是结合客家点心的制作特点，就地取材，用糯米粉、芋头、芝麻等为原料，制作出具有另外一种风味的点心，送去给祝枝山。祝知县一尝，这种点心又香又酥，又脆又甜，形、色、香、味都远胜他所说的"糯米糍"，不禁连声称赞，夸奖糕点师傅的手艺高超，问他这点心叫什么名堂，但糕点师傅只知道当地百姓称之为"芝麻花"。祝枝山正在食兴之际，便亲自给它命名为"蓼花"。"蓼"者，按《本草释名》解释："蓼类性皆飞扬，故字从翏，高飞貌。"而祝知县以"蓼花"赐名于这一糕点，意为"糕点之花","扬名于世"。从此,这种地方小食便驰名四海,流传数百年而不衰。

13 "忆子粄"的由来

粤东大埔县的名食"忆子粄",据传已有300余年历史了。"忆子粄"本是一种很普通的民间小食,用糯米粉作皮,用靓肉片、鱿鱼丝、香菇、虾米、蒜白等作馅的大众食品,但又为何称之为"忆子粄"呢?

相传明代大埔县有一农妇叫松婶,她有独子名叫"阿根",母子俩相依为命。待阿根长到18岁时,体格魁梧,聪明伶俐,从师练就了一身好武艺。后来,他离开母亲,和师傅一同从军,在郑成功麾下当了一名战士,漂洋过海到台湾,屡立战功。

松婶虽然为儿子能为国争光,为民造福而感到欣慰和自豪。但毕竟是自己的亲骨肉,母子情深,因而对儿子日思夜念。每逢中秋佳节,思念儿子的她就做儿子在家时最爱吃的粄,摆放在月下的方桌上,焚香祷告,祝福儿子平安大吉。秋去春来,不知不觉过去了30年,松婶却始终不见儿子回来。又一年中秋节,松婶照例摆放着儿子喜食的糯米粄,在月下祈祷。正当这个时刻,儿子阿根突然回来了。母子久别重逢,悲喜交集,阿根从白发苍苍的老母亲手里接过了糯米粄，欢庆团圆。从此，人们便叫这种糯米粄为"忆子粄"。

糯米粄这种充满人间幽思与欢乐的大众食品，由于它渗透着母子之情、人类之爱，而显得别有一番风味。特别是寓居海外之人，更爱吃它。

14 "食土鲮鱼"外史

鲮鱼盛产于岭南各地，其肉嫩滑鲜美，价格又很便宜，因此广东居民都爱吃，成了家常菜肴，有"清蒸鲮鱼""酿鲮鱼肚""炸鲮鱼""鲮鱼粉葛汤"等经济实惠的大众食谱。

鲮鱼，粤语俗称"土鲮鱼"。缘何要在前面加上一个"土"字呢？因为鲮鱼这种水产味道虽然鲜美，但细骨甚多，吃起来稍不小心，不是卡住喉咙，就是扎伤嘴巴。所以人们既爱食之又恼食之，说什么"鲮鱼好食刺难防"。按粤人的习惯，鲮鱼一般只用作家常菜，而不让它"登大雅之堂"用来宴客。否则，必须经过加工，制成鱼胶或搓成鱼丸子，去掉其骨刺，才能端上宴席。是故，粤人便在它正名之前冠上"土"字。

然而，旧时广州关于"食土鲮鱼"的说法，还有一层耐人寻味的意思。

广州一向是一座繁华的商业城市，富商云集。尤其是在旧日的西关一带，富商多雇用婆妈为佣人。而这些婆妈多是年轻美貌的女子，被雇用的时间长了，往往与主人私通，"生米煮成熟饭"，被收留做妾侍。可是，这种行为对于一个已有妻室而又是社会名流的人来说，是一件很不体面的事。"家丑不可外扬"，唯有暗中承认，这就犹如食"土鲮鱼"，其味虽美而不能登大雅之堂，因此有好事者隐喻之为"食土鲮鱼"。

这种"食土鲮鱼"陋习，旧时在广州城颇为流行，后来还发展成有专门做介绍"食土鲮鱼"或类似买卖"土鲮鱼"的生意，这就成变相的买卖妇女了。这种陋习，直至20世纪50年代初才废止。但从菜肴角度而言，"土鲮鱼"始终是粤菜的一道美食。广州有些酒楼或海鲜馆，经过精心研究，推出了"鲮鱼宴""鲮鱼全餐"。同是一味鲮鱼，烹饪出10多种风味殊异的菜式，有酿、有蒸、有炒、有焖、有煎、有炸、有羹……各具特色，价钱又便宜，深受广大食客欢迎，从而改变了"土鲮鱼"不登大雅之堂的旧观念、旧食俗。

15 "吃烧猪"揭秘

广东珠江三角洲一带，每逢喜庆宴饮或祭祀诞辰，喜食烧猪。在广州市区或乡间小镇，食品市场上亦常摆有整只烧烤得黄澄澄的脆皮烤猪，人们美其名曰"金猪"。大的叫"大金猪"，小的叫"烧乳猪"。"脆皮乳猪"是广东传统名菜，其特点是皮松化，肉嫩滑，入口清香酥脆，堪称南粤美食之一绝。

然而，广州地区旧时所谓"吃烧猪"的食俗并不止于此，它另有一种特殊的含义。粤语所言的"有无烧猪食"，实际上曾是鉴定新婚女性是否是处女的隐语。

按照广州旧日风俗习惯，男婚女嫁，男家对过门女子是否是处女看得极为重要。但凡结婚之日，娘家就为出嫁的女儿准备一条在新婚之夜使用的洁白帕子。洞房第二天，便将那条帕子挂出厅堂给众亲友观看。如果白帕子沾有处女红，不但男家觉得光彩，便是其他亲朋好友也感到高兴，纷纷表示庆贺。等到第三天，新娘子"回门"时，男家便抬着"大金猪"送至岳丈家"报喜"。女家自然更加欢喜，请来亲友吃烧猪，这种习俗谓之"吃烧猪"。假若新婚之夜那条白帕子没有沾染上处女红，那就不但男家不愉快，女家也得不到烧猪吃，甚至还可能会惹出一场

"还璧归赵"的风波。俞溥臣在《荷廊笔记》一书中写道："广州婚礼，于成礼后三日返父母家，必以烧猪随行。其猪数之多寡，视夫家之丰瘠。若无之，则妇为不贞矣。余有岭南杂咏，内一绝云：闾巷谁教臂印红，洞房花影总朦胧。何人为定青庐礼，三日烧猪代守宫。"就是指这种习俗。"守宫"是指守宫砂，是中国古代用作试验女子贞操的药物。据说只要拿它涂饰在女子身上，终年不会消失。但一旦女子和男子交合，它就立刻消失。而旧时广东婚俗，常以婚后三日回门有否"烧猪食"作为女性贞操的验证，故有"三日烧猪代守宫"之说。

粤人这种"吃烧猪"旧俗，实际上是旧礼俗在婚嫁上对女子极不平等的一种表现，更不必说这种粗鄙的、以有无"处女红"来判定女方是否处女的方法本来就是愚昧之举。时代发展了，粤人的婚姻观念也随之更新，男女双方对封建的"贞节"观也早有了新的认识。"吃烧猪"这种旧婚俗业已被人们所遗忘，但烧猪这道美食，却流传下来，受到粤人和境外美食家的欢迎，并以一尝之为快。

附

《美味求真》

〔清〕红杏主人

　　《美味求真》是一本创作于清光绪年间，在广州及周边地区流传至今的粤菜菜谱，在广东菜肴发展史上具有举足轻重的地位。在今天，它已经成为一部珍贵的饮食文献，为越来越多的人所关注。《美味求真》有以文堂、麟书阁、守经堂、五桂堂等10余个版本，似只有佛山芹香阁版有序。今将芹香阁版的序录出，正文用清光绪十四年（1888）甘安仁堂版为底本。

序

盖饮食必先求于本真。夫山珍海错，各有性之不同。在制法，须当分其味之浓淡，而别之小菜配合得宜也。古者伊尹割烹，易牙调和，亦不能出此范围之外。且世人知食者多，知味者少。而精此道者，尤为鲜矣。仆遍历诸酒肆中，每以粉色应酬，徒为悦目之资，实无适口之馔。仆本未识天厨之味，然一饮一啄必究。夫物之质性，细加考订，故著是书，曰《食品求真》①，取其不尚繁华，务求真实之意。卷内所详明，款款俱历诸口，即质于同好者辨之，必谓曰："夫烹饪之道，不外乎得法者焉。"俾执爨者，亦可以依样葫芦，不至有无下箸处也。述此数语，以缘志起欤！是为序。

　　时光绪十三年季夏红杏主人识于仰苏慕李轩

---

① 作者写作时把书名定为《食品求真》，但成书出版时通用书名为《美味求真》。

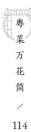

例言

凡炖法有三要：一煁，二汤水恰可，三要不失原味。此三者，一不可缺也。

凡炒法有七忌：一忌味不和；二忌汁多少；三忌火色不匀，或老或嫩；四忌小菜不配合；五忌刀法不佳；六忌停冷；七忌用油多少。此七者，一不可犯也。

凡蒸海鲜，必要用布抹干水气，然后下配料，以紧熟为度，其味乃鲜滑。此汁系其津液之汁，非生水气之汁也。

凡用小菜，必因物之爽煁而配之。生于四时不同，可相物而用，不能执滞也。

凡菜式中有名纤头①者，乃豉油、豆粉、白糖、料酒等件之谓也。此纤头有时不能不用，亦切不可多用。相物而下便合，使其齐相合味耳。

凡用火，有文武之别。物有刚柔之分，可物而施：如刚者用火多些，柔者用火少些。如炒卖俱宜，用武火乃可。

凡食必以美器，此为饮食中之明论也。

以上例言，可使人规矩。欲巧，则当细加调试，方为入妙。

---

① 纤头：芡汁加料头。

栗子鸡

用肥鸡斩件，用盐花①、朱油②揸匀③。下油锅炸至黄色取起。用绍酒一杯，水一碗，约浸至鸡面，滚至七八分煋后，下栗子、香信④，再滚至煋。起碗时加些白油，味香而滑。

栗
子
鸡

---

① 盐花：细盐。
② 朱油：制造蔗糖的衍生物，焦糖色的一种，现多称珠油。
③ 揸匀：用手适当加力，将食材与调料充分融合。
④ 香信：粤人对冬菇的分级标准，香信指已开尽不卷边肉薄的冬菇，为下品，多作配菜；卷边肉厚为中品，作日常食用；卷边肉厚顶上有裂花纹者叫花菇，为上品，多作酒席宴客用。以粤北菇为最好，简称北菇。

附
《美味求真》

/

115

八块鸡

肥鸡行①斩八块，用盐花、豆粉少许揸匀，下油锅炸透。清冷水泡去油，用绍酒半斤、白油②一小杯，用瓦砵载住，隔水炖至极煁为度。可食，美滑。

熨鸡

用肥鸡行劏净③，在背开取肠脏，用烧酒搽匀里便④后，用朱油搽匀周身。正菜⑤一小子⑥、香信几片、红枣几个，一齐加酒一茶杯，滚至紧熟⑦便可取起。切不可用金菜⑧，恐夺其鲜味故也。

草菇炒鸡片

肥鸡起骨，片⑨至薄片，用熟油⑩、豆粉、白油揸匀，用草菇、冬笋先在锅滚熟后，加葱头、鸡肉，铺在小菜上

---

① 鸡行：粤语与"鸡项"同音。粤人习惯称未生蛋的小母鸡为鸡项。
② 白油：即生抽，相对于浓深色的朱油的叫法。
③ 劏净：宰杀并宰清内脏。
④ 里便：里面。
⑤ 正菜：即咸头菜。
⑥ 小子：小撮。
⑦ 紧熟：仅熟。
⑧ 金菜：金针菜，即黄花菜。
⑨ 片：粤语指切肉片的刀法，把刀刃横向切。
⑩ 熟油：高温煮过的花生油，一般为炸过食物的花生油。

一宀①。俟②其有八分熟，揭起盖即炒匀。如味淡，加些白油、熟油和匀，即上碟即食，味爽而滑。

苦瓜炒鸡

弄法如草菇炒鸡便合。但用苦瓜以西园种③为妙。切薄片，先将盐揸匀，去苦水。先滚熟后，下鸡片，用些冬笋、香信兼之亦可。起锅时加些豆豉水，不要渣，和纤头拌匀，上碟。味鲜野可嘉。

糟鸡

用鸡去骨，蒸至紧熟，取起候冷，切薄片。用糯米糟④一时辰⑤久后，加些姜汁、白油、麻油、少许熟油拌匀，上碟，加些香头⑥。

鸡茸

用鸡胸肉起皮，琢⑦极细如酱，用些豆粉、猪油拌匀，用上汤和搅，稍稀。先下汤在锅，收慢火，不使其汤滚

---

① 宀：盖上盖子。
② 俟：等待。
③ 西园种：福建省漳平市西园村的苦瓜品种，特点是脆无渣、味苦甘，身上疙瘩明显，即雷公凿，为苦瓜的上品。
④ 糟：腌制。
⑤ 一时辰：相当于现在的 2 个小时。古人根据十二生肖中的动物出没时间来命名各个时辰，12 个生肖代表 12 个时辰。
⑥ 香头：料头。
⑦ 琢：即剁。

起。然后下鸡茸，即兜①至匀，然后下菜或鱼翅等件，拌匀即上碗，或加在菜面亦可。大凡鸡茸以九分熟为度，若滚至十分，则老而不滑且生布矣。此物全靠火色，恰可为佳。

鸡鸭会②

用肥鸡鸭各一只，原只连骨用盐擦里便外便③。用瓦砵载住，加绍酒半斤；无绍酒则用料酒一大杯。隔水炖至极煊为度，味香滑而厚。

会鸡丝

将鸡斩开四件，用油煎过，下水炖至煊。取起拆丝，用冬笋、香信、葱白、肉丝同会。加纤头兜匀，上碟。再加些少麻油亦可。味和美。

蒸鸡

肥鸡斩件，用熟油、白油、盐花、豆粉揸匀。用正菜、红枣、香信和匀在碟上，用碗盖住，在饭面上蒸之。饭熟，其鸡便熟。味鲜滑。

---

① 兜：用锅铲翻动。
② 会：应指"烩"，下同。
③ 里便外便：粤语，即里面外面。

走油鹌鹑

斩件，用些豆粉、盐花些少揸匀。下油锅，炸至黄色，取起，用冬笋、香信、苔菜①、肉片同会。起锅时加些纤头兜匀，上碟。加火腿数片亦妙。味酥香。

炒鹌鹑

劏净，起骨，切薄片，用些白油、豆粉揸匀。先将小菜②（苔菜、香信、冬笋、脢肉③片）炒熟后下鹌肉一盖。俟其将熟即揭起，加些纤头兜匀，加熟油拌匀，上碟。味滑美。

鹌鹑崧④

劏净，琢幼，加些脢肉同琢。小菜用五香豆腐、冬笋、苔菜、香信，俱切幼粒。先炒熟小菜后下鹌肉滚⑤至紧熟，加纤头兜匀，上碟，加熟油、麻油。味香滑。

五香白鸽

劏净，成只用盐花少许擦匀。八角二粒、五香豆付⑥

---

① 苔菜：即苔干菜，细长像莴苣，人工培植的蔬菜干，去老皮去软心，用茎切成三棱细条。产于江苏睢宁、邳州等地。
② 小菜：配菜。
③ 脢肉：家畜的里脊肉，多指猪的里脊肉。
④ 崧：同"松"。
⑤ 滚：水开翻泡的样子。开水叫滚水，滚熟指煮开至食物已熟。
⑥ 豆付：即豆腐。

三五件，临食取起。绍酒一茶杯、香信几只，用砵载住，隔水炖至极煤。味香。

又法：炖煤后下卤水盆一浸，取起上碗亦佳。

炒白鸽

起骨，切薄片，弄法照"炒鸡片"便合。小菜用香信、冬笋、苔菜、葱白、脢肉片。

又：将骨斩件，用豆粉、盐少许揸匀，用油炸酥后，下水些少一滚。在碟底亦可。

炒白鸽

蒸乳鸽

肥鸽劏净，原只用绍酒二两、白油一小杯，砵载隔水蒸煤便合，底用栗子同蒸亦可。小菜用些香信、正菜、红枣为妙。

炒鹧鸪

起骨，照"炒白鸽"便妙。小菜亦然。

全白鸽

起骨，放在砵下。绍酒一杯，盐花先搽匀，熟莲子、香信、火腿齐下，隔水炖至极焾。味浓香滑。

全鹧鸪①

弄法照"全白鸽"便合。此物能化痰，有益。味香。

葵花鸭

肥鸭起骨，滚至紧熟，切厚片。一片火腿一片鸭，用砵载住。绍酒一大杯，原汤一大杯，隔水炖至极焾，可食。

凡用火腿，须要出好水乃可。

煎软鸭

肥鸭起大骨及腿翼骨，用油煎过。用蒜头三粒，好原豉②舂烂至幼。朱油、料酒和匀，并水浸至鸭面为度。下用香芋同滚至焾，留原汁作味，即切即食。

---

① 此条原在"全白鸽"条之前。
② 原豉：未经抽油的原油豆豉。

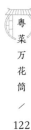

鸭三味

肥鸭起骨，照"炒鸭片"便合。扶翅[1]作羹，或凉办[2]。骨斩件，炸酥，扣[3]酸。或琢极幼，作假鹌鹑崧亦妙。

全鸭

肥鸭起骨，弄法照"全白鸽"便合。小菜用莲子或洋薏米[4]、栗子亦可。味香浓。

神仙鸭

肥鸭劏净，用盐二钱擦匀里外，砵载。以汾酒一杯，连杯放在开肚处，不可被酒倒泻在鸭身，不过取其气味耳。隔水炖至极烂为度，取起酒杯，上碗。此法全不用小菜为佳。

冬菜鸭

肥鸭连骨。用冬菜八钱，轻洗去沙，不可久浸，放在鸭内。绍酒一大杯，瓦砵载，隔水炖至极烂，上碗更妙。

---

① 扶翅：粤语指家禽内脏。
② 凉办：即凉拌。
③ 扣：即焖。
④ 洋薏米：南方薏米，有药效但药味不浓。

清炖鸭

肥鸭起骨，用水一大碗滚至熟，取起停冷，切厚块。用好生笋或冬笋切块，一件鸭一件笋兼好，排于砵上。绍酒一杯、原汤一小碗，隔水炖至极煤，上碗时加白油一小杯便可。味清香。

新陈鸭

肥鸭同好腊鸭各半，先将生鸭用油煎过。绍酒一大杯和水煲至煤，斩件，连汤上碗。加冬笋同煲更妙。味厚。

鸭羹

肥鸭起骨，切粒，用些白油、豆粉搽匀。用冬笋、香信、葱白、苔菜等俱切粒，同莲子先滚煤后，下鸭肉滚至熟。加些纤头兜匀，上碗。加些火腿粒更妙。

会鸭丝

弄法照"会鸡丝"便合。小菜因时而用可也。

清炖鸭掌

鸭掌生拆去骨，油炒过，绍酒二两和上汤滚至煤，无上汤则用清水。小菜用生笋、香信、火腿同炖。

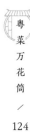

炒鸭掌

拆去骨，下猛油锅炒之。小菜用冬笋、香信、苔菜同炒，或用瓜英①、蒜心同炒。上碟时加纤头拌匀，再加些麻油亦可。

窝烧棉羊②

精肥各半，切大长条。八角数粒、蒜头数粒、盐一撮，和水煲至煁，取起。擦些好朱油上面，用油炸至皮脆，取起切块，上碗。以荷叶卷兼之更妙。

红炖棉羊

精肥各半，切件。先用水滚过，朱油擦匀，瓦砵载。绍酒四两、上汤一碗，隔水炖至极煁，上碗。小菜用些香信、红枣、栗子。

清炖棉羊

精肥各半，用水滚过，切件，下油锅炒过。生姜一两、绍酒一大杯，和水炖至极煁，加蒜头三粒、红枣数个同炖。连汤上碗，加些白油便妥。

---

① 瓜英：广东糖渍酱菜，其中包括青瓜、木瓜、胡萝卜。
② 棉羊：绵羊。

炒棉羊

用羊胸肉切丝，生姜丝少许，同白油、豆粉揸匀。小菜用冬笋、香信、苔菜，先炒熟后下棉羊肉，滚至紧熟。加些纤头拌匀，上碟，加些少麻油更可。

炖棉羊头

用水滚过，刮净，拆骨取肉，切件，用姜汁酒炒过。绍酒四两和水同炖至极熟，加红枣、正菜同炖便合。如欲有益，加北芪五钱、防党①五钱同炖。

吊上汤

将鸡鸭猪肉汤取齐在锅，滚起至浓。用无盐生鸡鸭血搅稀，淋于汤上，滚之。俟其浓浊之气全被血敛埋，用布隔过，再下锅滚，一便②滚一便撞些清水。俟见汤滚至清，再用布隔过，瓦盆载住，放在锅蒸滚后用。如家常用者，则用猪肉并左口鱼煎汤亦可。

熬素汤

用大豆芽菜十余斤，下清水熬至芽菜味出。在汤内取

---

① 防党：防城党参的简称。防城即古代甘肃武都。防党指今天的甘南藏族自治州一带的党参，经酒洒蒸制后，肉色变黑，皮色黄，有横纹，质量优良。
② 一便：即一边。

起菜，滚至浓，用布格①外，盆载炭火，坐住候用。

一品窝

肥鸡鸭各一只，白鸽一只，用盐搽匀内外。元蹄②一个，鲍鱼三两，出水洗净，切厚件。油酒炒过，刺参、生翅泡至透水，齐下锡一品锅内，加绍酒半斤，加上汤一小碗，隔水炖至极烂为度。一品窝材料甚多，随人便用。但物如难烂则先下，如易烂则后些下，更妥。

燕窝羹

用洁白窝丝或窝兜泡透，执清③毛，用汤或水滚至烂，如玉色便可。底用白鸽蛋，加些火腿丝在面。如食甜，则用清水滚至烂，加冰糖食之。此物至清结④，不宜下重浊之物配之，又宜以滚得久为佳。如若滚不熟，则食令人泻，慎之。

炖鱼翅

洗生翅法：先将原翅下锅，加些柴灰和水滚数次，取起。刮去沙，如未净再滚，再刮。俟清楚后换水滚过，取起去肉，净翅又滚一次，下山水冷浸之。勤换水浸至透，

---

① 格：即隔，滤过的意思，下同。
② 元蹄：猪蹄。
③ 执清：收拾、清理。
④ 结：应为"洁"。

必使其去清灰味。然后下汤煨三次，煨至极煡，上碗。底用蚬肉，加些火腿在面。味清爽。

炖鱼翅

炖群翅

用原只小翅，出水照前法，心机①更多。使其成只上碗，勿使散乱。此灰味未免难去些，多滚一两次为佳。

芙蓉鱼翅

鱼翅出清水去灰味。用汤炖至极煡，取起去汤，格干。冬笋、香信、火腿切丝，先炒熟，用鸡旦②数只和鱼翅、盐花、小菜拌匀，下油在锅，煎如饼样，上碟便可。

---

① 心机：心思加工夫。
② 鸡旦：即鸡蛋，下同。

清炖鱼肚

先将原只鱼肚[①]出水去灰味，再滚至刮得去外便一层，留里便一层爽的，切件。用上汤炖至煁，加火腿配之，上碗。此物要心机，如火多则生胶，如小则硬，全靠火色为佳。味爽而煁，有益。

会鱼肚

将鱼肚斩件，用油炸至透，先用武火后用文火炸之。滚油时，俟其油多起青烟，然后下鱼肚。见其内外俱透，即兜起放冷水上泡，揸去清油、气泡数次乃可。后用上汤滚至煁，使其汤味入内。乃上碗时加些白油。味爽。

会海参

先出水开肚，去净沙坭[②]，用牙刷刷去外便沙坭灰气，再滚一次再洗。用清水泡透后，用汤滚至煁，上碗。底用卤肉丸亦可。

海参羹

照前法洗净，汤滚煁，切粒。小菜用冬笋、香信、猪肉，切粒同会。上碗时加些纤头便可。

---

① 鱼肚：指鱼螵。广东人指鱼螵为鱼肚，而真正的鱼肚谓鱼腩。
② 沙坭：即沙泥。

黄鱼头

出清灰味，取明净的用冷水泡透，先用水滚至将燶，后用上汤煨，使其汤味入内乃可。上碗，加火腿。此物全靠火色，火多则泻^①，火少则硬。

海秋筋^②

用火炙过，出水二三次，切大粒，清水泡透。用汤炖至极燶，上碗。加火腿粒便妙。味清爽滑。

鲍鱼

先用水滚过，去清沙及灰味，再滚一次，切厚片。用姜汁酒炒过，和水煲至极燶，或用猪肚同煲亦可。

炙鱿鱼

先将鱼用湿布抹去灰气后，用熟油搽匀，以铁线串住放在炭火上炙之，见其周身起泡，便可取起。手拆丝，加麻油、熟油、浙醋、白糖少许，拌匀上碟，底用酸乔头切丝更佳。味香甘。

---

① 泻：软烂。
② 海秋筋：鳅鱼筋。产于中国烟台及越南、日本等地附近海域，为传统海产干货，现已很少用。

炙鱿鱼

炒鱿鱼

用好钓片①浸透，以近骨便起花切块，用姜汁酒拌匀，下猛油锅炒之。见起卷即下纤头，炒匀即上碟。小菜随时而用，先滚熟同炒便是。

炖大虾

浸透，每只开两件，用姜汁酒炒过，肥猪肉、肇菜②同炖至煨，或冬笋更妙。

扣蚝豉③

取新者先滚一过，或用水浸透，洗净沙坭，姜汁酒炒

---

① 钓片：即吊片。鱿鱼吊起来晒的样子，所以干鱿鱼常称吊片。
② 肇菜：广东人称大白菜为肇菜、绍菜、黄芽白。
③ 蚝豉：广东人称膏牡蛎为蚝豉。

过。用网膏①每只包住，走过油更妙。好原豉、蒜头三粒，共捣幼，拌匀放砵上，加绍酒三两，隔水炖至极煁为度。

炙蚝豉

洗净沙，布抹干，用熟油擦匀周身，用铁线穿住，放于炭火上炙之。俟炙透切片，用浙醋、麻油、白糖少许，拌匀上碟。味淡加白油同拌。

蚝豉崧

洗净沙，切粒，下姜汁酒炒过。小菜用苔菜、冬笋、香信、肉粒、五香豆付，俱切粒同炒。上碟时加纤头兜匀，或加腊鸭尾同炒亦可。

冬菇

取嫩白花顶②者，去蒂，浸湿即洗净，用些姜汁酒炒过。用羔汁③二两，和水炖至煁，上碗，底用白果或百合。如素菜，用熟油二两同炖。底或用肇菜，炖煁更好。

---

① 网膏：猪网油。
② 嫩白花顶：即花菇。
③ 羔汁：同膏汁猪油或鸡油。

磨菇①

以口外②嫩白者为上，用些柴灰和水滚一过，用清水泡之，以牙刷每只刷去沙坭，泡净灰味。用些姜汁酒炒过，用膏汁二两和水同炖至烂；或用上汤炖亦可。

草菇

干时先去头之沙坭，后用水浸湿即洗，留原水作汤入锅，滚二三次便可。水豆付作底亦可，或冬笋。

榆耳

浸透洗净，用水滚数次，方去枯燥之气，用上汤炖至烂便可。如素菜，则用豆菜汤或三菇③水同炖亦可。

雪耳

取洁白者浸透洗净，同上汤炖至烂，上碗，加火腿片更妙。如素菜，用三菇水同滚便合。

---

① 磨菇：即蘑菇。
② 口外：指张家口以外，过去张家口是集散地，普遍认为这里的蘑菇质量最好。
③ 三菇：即冬菇、蘑菇、草菇。

石耳

用炉底灰①和水滚过，刮去青苔、泥沙之积②，泡透。用上汤炖至煤，加鸡皮、火腿片，上碗，或蚝肉更妥。此物滋阴清热。

羊肚菜③

浸透去丁④，洗清沙，出水二次，用上汤炖之。候煤，加火腿片、冬笋片，上碗。如素菜，用豆菜汤同炖。

葛仙米⑤

以青绿为佳。水浸透泡净沙泥，用上汤炖煤，加火腿粒，上碗。或甜食，用水煲煤，加冰花同滚，清爽消滞，多食能延寿。

发菜

浸透洗净，择去草根，水泡透，上汤滚之。上碗加火腿、冬笋丝便合。如素菜，用三菇水或豆菜汤同滚，加冬笋丝拌匀，上碗。味爽能消食。

---

① 炉底灰：指柴草灰，含碱，有较强的去污秽能力。
② 积：秽。
③ 羊肚菜：即羊肚菌。
④ 丁：即蒂。
⑤ 葛仙米：又称天仙米、天仙菜、田木耳，多生于湖北、广西，为水生藻类植物蓝绿藻，单细胞，无根无叶，墨绿色珠状，是一种天然食品。

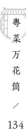

芙蓉肉

脢肉切丝，白油、豆粉、干酱^①少许揸匀，下锅炒至熟，即下鸡旦兜匀，上碟。底用油炸粉丝，食时用箸拌匀便可。

什锦肉

脢肉切丝，干酱、豆粉、白油揸匀，小菜用五香豆付、云耳、茶瓜^②、香信、韭菜、冬笋丝同炒。上碟加煎鸡旦丝、油炸粉丝拌食。

子盖肉

肥肉一豚^③，八角数粒，盐一撮，下水煲八分煤，取起候冷透。去皮，切二寸大块后，用椒末、朱油揸匀，再用干面少许和鸡蛋湛^④匀，下油锅炸至黄色皮脆，取起，上碗。兼荷叶卷或小饱更妙。

米砂肉

腩肉要五花处，切厚块，用朱油、干酱、椒末少许揸匀。先将炒米研烂，将猪肉卷之，用莲叶乘^⑤住，隔水炖至

---

① 干酱：即黄干酱，用大豆、面粉，采用固态低盐固态发酵方式制成。
② 茶瓜：用醋、糖腌制白瓜，味道甜而带酸，可用于佐餐膳、煮汤和做菜。
③ 一豚：指一块臀肉。
④ 湛：蘸。
⑤ 乘：即盛。

极煸，取食。味甘香，外省人最喜食之。

酥扣肉

豚肉成豚[1]，盐一小撮，八角、小茴少许，和水煲至七分煸取起。俟冷透，切方砧大，用蛋面少许揸匀。下油锅，炸至红色即取起，放在冻水上泡去油气。砵载住，加绍酒三两，隔水炖至极煸，上碗。兼荷叶卷及小饱更妙。

薄片了

用脊头肥肉，先用水滚熟，取起。放在冷水浸冻，取起。用刀片大块，以薄为妙。后用芥末[2]、浙醋、蒜茸拌食。底用炒青豆角便合。夏天菜也。

红扣肉

肥肉一豚，水滚熟取起。搽朱油在上，下油锅炸至皮红色，取起。放在冷水泡过，切厚件排于砵上。加绍酒三两，隔水炖至极煸为度。味甘厚。

白水全蹄

用肥猪上蹄[3]一个，用砵乘之，加绍酒四两、八角三

---

① 成豚：指整块臀肉。
② 芥末：这里指的是用芥菜籽研磨成的芥末粉，非指现在的日本芥末。
③ 上蹄：猪前肘。

粒。先用盐擦匀肉，隔水炖至极㷛为度。

栗子扣肉

精肥各半，切方砧，用朱油揸匀。下油炸至红色，取起。加绍酒四两，和水炖至㷛。加栗子同炖，上碗，加白油。味甘厚。

蒸猪头

猪笑面①一个，以皮薄为佳，出过水，即放在冷水泡过，刮净。用好原豉、朱油、料酒、干酱，和水浸至肉面为度，后下香芋同蒸至㷛，收汁作味，即切即食。如冻则生胶，不佳。味香爽而㷛。

滑肉羹

胸肉切薄片，白油、豆粉揸匀。小菜用草菇或青丝瓜，滚至仅熟便可上碗，则自然鲜滑。

熨猪手

刮净，斩件，用朱油揸匀。乌醋②料、生姜酒和水煲之后，用豆豉、面豉、蒜头捣幼齐下，同煲至㷛。味香野。

---

① 猪笑面：腊猪脸。

② 乌醋：黑米醋，将米炒至炭化，趁热把白醋倒下去就成乌醋，即黑醋。后来发展成为用焦糖色加香辛料和红糖煮制，转化为现在的各式广式甜醋。

或用烧猪脚同煲更妙。

烧肝肠

猪润切碎盐腌，去血水，姜汁酒揸匀。猪肉切碎，朱油拌匀。加蒜茸[①]、香料少许，共和匀，入于猪粉肠内。草扎住，用针刺过，下猛油锅炸至红色，俟熟取起，切片上碟。猪肠先去膏衣乃可。

窝烧肠

用猪大肠刮净，先下，和水煲煤。取起后，用椒盐、蒜茸、香料少许，入肠内揸匀。草扎住头尾，下猛油锅炸至红色取起，切件即食。味香甘煤。

炒排骨

生排骨切五六分大，用朱油、豆粉揸匀，下油锅炸酥取起。用蒜茸、浙醋、白糖、白油、料酒、豆粉和水滚匀，上碟。食味酥香。

炒银肚丝

猪肚取近蒂处，洗净切丝。下锅炒至紧熟，即将先炒熟之小菜加纤头兜匀，即上碟。味爽。

---

① 蒜茸：即蒜蓉。

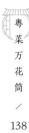

炒猪肚

洗净，切花切片。用虾眼水①泡过，取起，格干，再用蚝汁揸匀，炒之，则无不爽。如配法照前便合。

凉办肚

用近蒂处先滚熟，切薄片后，用芥末、浙醋、蒜茸、麻油、白糖拌匀，上碟。味爽。此夏天菜也。

葛扣肉

肥瘦肉各半，切厚块，用盐花揸匀，下油锅炸透，用粉葛、绍酒二两和水炖至煤为度。味甘而厚。

金银腿

火腿脚出水清灰味水，刮毛，去净骨。生猪脚亦去骨，用绍酒四两，和水煲至极煤，上碗。此法汤与肉味俱佳。

冬瓜腿

火腿出清水，切片。冬瓜切双飞片②，一片冬瓜兼火腿一块，砌于砵上。用绍酒二两格水炖至煤，上碗。此夏天菜也。

---

① 虾眼水：水将开未开，泛起小泡的样子。
② 双飞片：切瓜时一刀不切断，另一刀切断，火腿夹在没切断的冬瓜缝中。

肇菜腿

用好干水肇菜，弄法照冬瓜腿便合。此冬天菜也，味较胜些。

鸳鸯鸡

先将鸡滚熟，取起滩冻[①]，起骨切片。又将出净水之火腿切去肥的不用，随以姜汁酒蒸过，取起，滩冻，切片如牌样。以一片鸡兼一片火腿上碟，多者十六件，少则十八九件，乃为合式。食时用芥末、浙醋佐之。

水晶鸡

将鸡起骨切片，用鸡旦白和苓粉搅匀，拌鸡片，用滚水一湛即取起。用冬菇、红枣、绍酒和水蒸熟，上碗。

棋子鸡

用鸭肉、火腿、天津葱头、正菜、香信琢烂，以绍酒、姜汁、白油、熟油、汾酒少许拌匀。用猪肠去膏衣，将鸭肉入内烧熟，或蒸熟亦可。食时切成棋子样上碟，加纤头食之。

---

① 滩冻：指摆放至凉。

全鹅

起骨，用盐花擦匀周身，放在砵中。以绍酒一大杯，加熟莲子、栗子、火腿齐下，隔水炖至极煺食之。

拆烧鹅

将烧鹅起骨拆丝，小菜用香信、葱白、冬笋同会，上碟。加香头、菊花拌食。味香甘可嘉。

炒鹅片

起骨，切薄片。弄法照"炒鸭片"便合，或炒酸甜亦可。

炒鹅掌

弄法照下"炒鸭掌"便合，清炖亦可。

鸡茸鱼翅

生翅，先将原翅下锅，加些柴灰，和水滚数次，取起，刮去沙。如未净，再滚再刮。候清楚后，再换水滚过，取起去肉。净翅又滚一次，下清水冷浸之，宜勤换水。浸至透，必使其去清灰味，然后下汤炖至极煺，上碗。如用鸡茸，自上碗时将鸡茸拌之，底用蚧肉更妙。加些火腿在面，味清爽。如家中常用者，则去净水后，下猪肉煲至煺可也。

炒鸭掌

生拆去骨，下猛油锅炒之。小菜用冬笋、香信、苔菜同炒，或用瓜英、蒜心同炒。上碟时加纤头拌匀，再加些麻油亦可。

炒响螺

打开，净①要头，刮去潺②。近掩③处硬的切去，洗净。切薄片，下油锅炒至紧熟便可。小菜用冬笋、香信、肥肉、白菜同炒，上碟时加纤头兜匀，免白糖，后加麻油。味爽甜。

炖水鱼

将原只用滚水泡去衣，劏开去脏去膏，洗清血，用姜汁酒下猛锅炒过。加绍酒四两，或用料酒一大杯亦可，和水炖炂。小菜用烧腩④、冬笋、栗子、香信同炖便合。味甜而滑。

---

① 净：只。
② 潺：黏液。
③ 掩：螺盖。
④ 烧腩：又称火腩，原特指大、中猪近腹部的烧肉，泛指带皮的大、中猪烧肉。

炖山崇①

弄法照水鱼炖法便合，但要火多些。味香滑有益。

炖耳蟮②

取大蟮，泡热水去潺，切寸断，用油盐水、果皮③、正菜炖至燶。小菜用冬瓜走过油④、烧腩、香信同炖，加蒜子少许同炖。食时加熟油、麻油拌匀。味香甘而滑。

炖退骨蟮

大蟮泡热水，去潺，切寸断。先滚熟，退去骨，用琢猪肉酿在蟮内，每节用猪网膏包住，以干豆粉拌匀，下油锅炸透，放在钵中。加绍酒二两、水一小碗，炖至燶。小菜用栗子二两或走油冬瓜同炖亦可。味甘香。

炒马鞍蟮⑤

用大黄蟮起去骨，布抹去潺，切寸断。用些虾眼水拖过，再下油锅炒至紧熟。小菜用瓜英、酸姜、荞头切片同炒便合。上碟时，加些蒜茸和纤头兜匀便合。味爽而滑。

---

① 山崇：指山瑞鳖，一种生活于山地的河流和池塘中的大型鳖，体重可达 20 千克。
② 耳蟮：蟮即指黄鳝。黄鳝由于宰杀后改刀的不同，煮熟后像耳朵的形状。
③ 果皮：陈皮。
④ 走过油：用热油泡过。
⑤ 马鞍蟮：黄鳝由于宰杀后改刀的不同，煮熟后像马鞍的形状。

小菜或用酸黄瓜生炒之，上碟时加纤头亦可。

会蟮羹

大黄蟮滚熟，拆去骨，起粗丝，用熟油、黄酒拌匀。小菜用香信、茶瓜、韭菜花、肥肉丝、五香豆付、粉丝，先炒熟后，和原汤会之。上碟时，加些纤头拌匀便合。或连原汤会好上碗，作羹。加些麻油。味香甜而滑。

炖鲋鱼

用原件将猪网膏包住，油盐水下锅，炖至煨，水以浸至鱼面为度。加生姜数片，炖至将煨，加干酱、白油和匀便可。底用瓜英拌食。

炒鲋鱼

起骨，切片，用熟油拌匀。小菜用冬笋、香信、葱白、苔菜，先炒熟后，用油锅炒鱼，即加纤头兜匀，上碟，加熟油、麻油便妥。味鲜爽。

炖鲟龙

弄法照"炖鲋鱼"便合，骨滑、肉崧、香鲜。

炒鲟龙

弄法照"炒鲋鱼"便合。此二物宜炖，尤胜于炒。

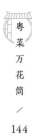

鲈鱼羹

将鱼用油盐水先滚熟，取起，拆碎去骨，用黄酒、熟油拌匀。小菜用肉丝、香信、粉丝、葱白、苔菜丝。先滚熟后，下鱼肉，加的纤头兜匀，上碗。加些熟油、麻油拌食，有菊花同拌更佳。

炒鲈鱼片

弄法照"炒鲋鱼"便合，小菜亦然。味鲜爽。

芙蓉蟹

将蚧蒸熟，拆肉。小菜用猪肉丝、香信、葱白，先炒熟后，和鸡蛋搅匀，煎作饼大，上碟。加纤头滚匀，铺上面便可。味甜鲜。凡蚧忌麻油，切不可下之。

蟹翅丸

先将鱼翅滚煤，蟹拆肉。用鲮鱼起骨、皮，琢极幼，加豆粉、盐水，搅至起胶后，下鱼翅、蟹肉、香信、肥肉，和匀作丸，筛[①]载住蒸熟，取起候冷，加纤头，在锅滚匀，上碗。味爽甜。

---

① 筛：扁圆竹篾编织的盛器，下有小孔筛眼供筛选物品。

酥蟹

用肉蟹仔斩件，豆粉拌匀，下油锅炸酥脆，取起。用酸梅、白糖、豆粉、蒜茸，和些水下锅拌匀，上碟。味酥香。

糟蟹

用黄膏蚧仔去掩，剥开洗净，用盐水少许腌之后，用好糯糟糟之，以糟至蚧面为度，用罂①载之。熟油封口，至十日间可食。先一二日转一遍，使其上下味匀。欲食时，取出放在饭面上一局②便可。又，不可久局，恐老则不鲜滑矣。

翡翠蟹

将蟹蒸熟，拆肉。用西园苦瓜去净囊③，切马耳片。用盐揸过，去苦水，同些香信下油锅。先炒熟小菜后，下蟹肉并纤头兜匀，即上碟。味清爽甜，夏天菜也。

蟹羹

将蟹蒸熟，拆肉。小菜用冬笋、香信、猪肉，俱切粒，榄仁去皮，同先滚熟后下蟹肉，加纤头兜匀，连汤上碗。味极鲜甜。

---

① 罂：大腹小口的陶制容器。
② 局：即焗。
③ 囊：即瓤。

蟹烧茄

先将熟蟹拆肉，用嫩紫茄去皮切长丝或切小马耳，下油锅炸熟。取起后，用蒜茸、浙醋、白糖拌匀后，下蟹肉和纤头滚匀，铺上茄面便合。味鲜野可取。

炒明虾

先去壳，每只切两片，用熟油拌匀。小菜用冬笋、香信、葱白、旱芹、肥肉，先炒熟后，下油锅炒虾，即下纤头兜匀，上碟。味鲜甜爽滑。虾头用鸡蛋湛匀、煎香，另碟载或冲酒食亦妙。

糟明虾

成只用盐腌过，用糯糟腌之。瓦罂载住，熟油封口，五六日可食。味鲜美。

炒虾仁

生虾去壳，成只炒，弄法照"炒明虾"便合。小菜因时而用可也。

芙蓉虾

成只生虾去壳，弄法照"芙蓉蟹"便合。

瓜皮虾

即凉办虾米也。用鲜红虾米浸透，炒过。用黄瓜去囊，切薄片，用盐揸过。以白醋腌酸，去醋汁，加白醋多些。拌匀后，下海浙、麻油、熟油拌匀，上碟。味甚爽脆。

虾子豆腐

白豆腐去底面，切幼粒，用绍酒少许和上汤滚之。后加虾子一小杯，同纤头滚匀，上碗，加些火腿粒在面。味鲜滑甘美。虾子往天津店有卖，但要新鲜者为佳。

八宝豆腐

豆腐去皮切碎，和汤滚之。又用鸡肉、火腿切幼，同脆花生、芝麻、瓜子肉炒香，捣幼。加纤头少许滚匀，上碗。味香滑。

芙蓉豆腐

豆腐去皮切十六块，用冷水泡三次去豆气，入汤滚之。加虾米、紫菜同滚后，加鸡蛋拌匀，牵头兜匀，上碗。味甚美。

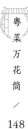

蚊蟛[1]豆腐

白豆腐去皮切幼，加火腿粒、上汤滚之，加纤头，上碗。或加鲜虾米切幼同滚亦佳。味香滑。

苦瓜扪蛤[2]

将蛤切件，姜汁酒炒过，用西园苦瓜切牌样，用水滚熟，即放冷水泡过。取起揸干水，同蛤下锅，和原豉、豆豉舂烂，格渣，蒜头二粒同滚至煨。加些纤头、熟油兜匀，上碟，加些麻油更佳。味香而野。

酥蛤

去皮、切件，用盐花、豆粉揸匀，下油锅炸酥。取起后，用小菜马蹄、旱芹、香信、冬笋切片同炒，加些纤头滚匀，上碟。味酥香。

炒蛤片

大蛤起骨、切片，熟油揸过。小菜用冬笋、香信、苔菜、肥肉切片，先炒熟后，下蛤片，炒至紧熟。加纤头兜匀，上碟。味香甜。

---

① 蚊蟛：粤语中的小蚊子，形容切得很细。
② 蛤：即蛙，这里指虎纹蛙，即田鸡。

栗子扣蛤

大蛤起皮、切件，姜汁酒炒过，栗子、烧腩、香信同炖至煤，加白油、熟油拌匀，上碗。味甘香。

豆豉鱼

用鲩鱼腩，要切大块，用些蛋面拌匀。下油锅炸酥后，用豆豉水（不要渣）同滚煤，加些纤头兜匀，上碟。味甘香。

鱼付①

鲮鱼起皮、骨，琢极幼，和鸡蛋一只、盐水同搅至起胶，作小弹子大，下油锅炸透至黄色，取起即下冷水，泡去油气后，用水滚汤。加草菇同滚，其水就用浸草菇之水作汤便妥。味香爽滑。或用小菜同会亦妙，其名"会鱼付"。

炒鱼扣②

用大鱼③或大鲩鱼之扣，去外便一层，只用内层爽的。用滚水泡至紧熟，去清腥气，切片，用熟油拌匀。小菜用香信、五香豆干、马蹄、旱芹，先炒熟后，用油炒鱼扣，

---

① 鱼付：即鱼腐。
② 鱼扣：广东人一般指鱼胃为鱼扣，此处指鱼鳔。
③ 大鱼：鳙鱼，又叫大头鱼。

和纤头兜匀，上碟，加些麻油更佳。味爽似蛤扣。

鱼云[1]羹

用大头鱼头云。先滚熟，去汤，拆骨，用熟油、白油、黄酒拌匀。用草菇放汤后，下鱼云一滚即上碗。味滑。

炒鱼片

鲩鱼片切成排，勿乱放在碟上。先炒熟小菜后，下油在锅，将纤头滚匀，即拈起锅，然后下鱼片兜匀，同小菜拌匀，上碟。此法爽而不烂。

拌鱼片

用鲩鱼起肉去皮，切薄片，碟载，用熟油拌匀。临食时，用黄酒暖至将滚，淋于鱼片上，六七分熟便合，即格干酒。小菜用脆花生肉、炒芝麻、茶瓜丝、姜丝、煎鸡蛋切丝、油炸粉丝、芫茜、菊花、椒末、白油、熟油，拌匀食之。甘香甜爽滑。

神仙鱼

鲩鱼一条约重十余两[2]。去鳞脏，近鱼颈处刻一刀，勿使其断开，用布抹干下锅，滚至紧熟后，滚纤头淋之，如

---

① 鱼云：鱼头内近腮部一块白色像云一样的肉，以大头鱼的最佳。
② 十余两：旧时的秤十六两为一斤，所以有十余两一说。

食酸或食甜随人调味。此法鲜滑。或用莲叶乘住，饭干水后蒸在饭面上，勿使揭盖便熟。其味鲜美。

假鲋鱼

用鲩鱼斩碌[1]，用猪网膏包住，照"炖鲋鱼"法便合。

全鲤鱼

原条去鳞脏，用生姜数片，同油盐水炖至煁，取起在碟。将原汁和酸梅、白糖、豆粉滚匀，淋在鱼面，底用酸萝卜、沙糖拌匀。在底或瓜英更佳。

酥鲫鱼

先去鳞脏，用盐揸匀，下油锅炸酥后，用豆粉、浙醋、蒜茸和些水滚数滚，上碟。又，用原豉、豆豉水同埋[2]滚更佳。

拆花鱼

用火烧猛锅[3]，即下鱼在锅，攒[4]去鳞，洗过再用水滚熟。取起拆骨，用黄酒、熟油拌匀。先将小菜（苔菜、香

---

① 斩碌：砍成一段段。
② 同埋：粤语，一同。
③ 猛锅：把锅烧红。
④ 攒：疑为"潜"，意为灭；迸射。在烧热的锅里突然放酒或水，这时候酒或水往往会灭起。

信、肉丝、粉丝）炒熟后，下鱼肉并纤头滚匀，上碗。再加菊花、香头更妙。味滑。

鱼卷

鲩鱼肉连皮切双飞，豆粉、盐花揸匀后，用鱼肉、猪肉琢幼，和盐水搅至起胶。将鱼片酿成卷，下锅滚之，浮水便熟。取起去汤，加纤头上碗，用小菜会亦可。味鲜滑。

酿蚬

将蚬先滚熟，取肉和猪肉、鱼肉同琢幼，豆粉、盐水、熟油搅起胶后，用腊鸭尾、虾米、冬笋、香信、葱白、苔菜俱切幼粒同拌匀。将蚬壳酿满合埋①，在锅蒸熟，上碟。味鲜美。

酿三拼

鸭掌滚熟，拆骨，切作二件；生笋出水，切双飞片；冬菇洗净，共三样。用鱼肉、猪肉琢幼，和盐水搅起胶，将此三物酿齐，下锅蒸熟，砌于碗上。用纤头滚匀，淋在面便妙。味爽甜香滑。

---

① 合埋：合起。

酿鲮鱼

大鲮鱼成条削去鳞,在肚偷①清肉起骨,用猪肉、鲮鱼同琢极幼,和盐水搅起胶后,用虾米、脆花生肉、香信、葱白切幼粒,齐和匀,酿入鱼皮内,装回原条鱼大,放在油锅煎至黄色,取起,加黄酒、白油拌食。味美而雅。

春花

脢肉、鱼肉同琢至幼,用马蹄、香信、苔菜切幼粒,和搅至匀。用猪网膏包住,卷如竹筒样,切七分长。用干豆粉拌匀,下油锅炸熟取起。加纤头滚匀,上碟。味香甘。

麒麟蛋

用猪肉琢幼,马蹄、香信、苔菜、虾米亦琢幼,和匀。用腐皮包住,用草扎成如弹子大,扎起放在油锅,炸至黄色取起,切开。用纤头兜匀,上碟。味香滑。

卤肝肾

用鹅鸭肝肾、八角二粒和盐花,用水滚熟,取起去汤。用朱油、绍酒、白糖三味少许,同肝肾齐下,滚数滚取起,切片上碟,将汁和些麻油淋上拌食。

① 偷:即不破坏外观的前提下挖。

卷煎

煎鸡蛋做皮，用冬笋、香信、虾米、苔菜、猪肉或叉烧俱切粒，先炒熟放在蛋卷作筒，用些豆粉封口，下油锅，走过油。使其相食不散后，切二寸大一件，趁热上碟，作点心。味甘香。

鸡蛋羔

每只鸡蛋计用上白糖一两二钱，标面八钱。先将鸡蛋同面乱搅至起，然后落白糖再搅，总要以搅得箸多^①为更好。试以箸挑些放于水上，见其泡起便得，用小铜盆载之。隔水蒸半枝香久便熟，俱用武火蒸之，不可慢火停歇。恐有倒汗水^②落，即不崧起也。作点心，味甚香甜。此味不得落生水搅蛋、面、糖，或揸几滴姜汁亦可。

蛋角子

用虾米、腊肉、香信、冬笋、苔菜、五香豆付共切幼粒，先炒熟。将鸡^③打匀，用匙羹从少下锅^④，煎作如茶盅口大薄饼，即下材料在中间作馅，即下铲兜埋，包如角子样，两便煎至黄色，上碟。味甘而香。

---

① 箸多：用筷子搅动次数越多越好。
② 倒汗水：指水蒸气重新液化而成的水。
③ 鸡：后疑缺"蛋"字。
④ 从少下锅：一点点流下锅。

茨菇饼

茨菇去衣磨烂，用虾米、正菜、香信、腊肉、腊鸭尾、旱芹，俱切幼粒，共和匀。下锅煎作饼如黄色，上碟。味甘香。

全节瓜①

节瓜全个，刮去皮毛，切近蒂一块，去囊。将虾米和琢猪肉、香信、正菜入瓜内，盖回蒂。绍酒一杯和水一杯，隔水炖煁。味清爽。

炒黄菜

鸡蛋用熟油多些，搅至干箸，和好咸虾②少许、葱白拌匀。下油在锅煎之，勿使其火老，然后乃滑。味甘香。

会生面筋

取标面用水搓成团后，用水泡去澄面，洗净留筋，作小弹大。下油锅炸至起透取起，即下冷水泡一二次，去油气。用素菜会之，或三菇水会亦可。味爽而滑。

---

① 节瓜：毛瓜。
② 咸虾：广东五邑等地区出产的用盐腌制的虾酱。

芽菜包

绿豆芽菜去蕻①，炒七分熟。小菜用茶瓜、姜、香信、五香豆付、芫茜俱切幼，同炒匀。付皮②每张剪五件，将小菜、芽菜包作小粽子样。下油锅煎至黄色，上碟。味甘香而爽甜，此素菜也。

炒牛肉

取脢头肉③用布拭干血水，切薄片，用盐花、熟油、姜汁酒揸匀。小菜用苦瓜、旱芹、生姜。用阴火下锅，将牛肉铺在上面，盖锅后举火约滚至熟，即加白油、豆粉、白糖少许、白醋些少兜匀，上碟，再加熟油、麻油便合。若苦瓜及旱芹，须先用盐揸过乃可。

制乌猫

劏净，用禾草④煨过。洗净，开肚去肠脏，斩开，出水一次。下猛锅煎过，用果皮、圆眼肉同滚至八分燂。取起拆骨切丝后，用鸭丝、香信、苔菜、生笋、蒜头俱切丝，圆眼肉、红枣同会煮燂，加盐、白油、熟油拌匀，上碟。切不可下猪肉，猫最忌肥腻，恐滞。下些山楂同炖，不可

---

① 蕻：根。
② 付皮：即腐皮，片状腐竹。
③ 脢头肉：牛肩肉。
④ 禾草：稻草。至此，广东俗谚中"广东三件宝：陈皮、老姜、禾杆草"在本书全部登场，都与美食有关。

下鸡丝，恐其燥也。猫宜乌色，其次狸色，若黄色则甚热[1]也。

炖牛白腩

或根蒂，或腩，先以水滚熟，洗净，切件。加生姜、烧酒、盐花，下猛油锅炒之。随下水加黑醋一大杯、八角二粒炖之，水以浸过牛肉面为度。再加生笋或粉藕[2]齐下同炖至煁，汁不可多。食时加干酱、白油、熟油上碗。

南乳肉

用五花肉先将出水取起，切大件，下油锅炸至红色取起。用绍酒一大杯，开南乳和水炖至八分煁，下雪耳、香信再炖至煁便好。每斤肉用南乳半砖[3]，猪肉不下油炸亦得。

红水全蹄

猪前全蹄一只，先出过水，取起刮净。用针向皮刺匀，下锅，用京酱[4]、绍酒和水加八角二粒，水以浸过肉面为度。炖至七八分煁，下栗子，炖至极煁，上碗。

---

① 热：指燥热，即上火。
② 粉藕：莲藕较粗大老身的几节偏粉糯，细长嫩身的几节较爽脆。
③ 半砖：半块。
④ 京酱：黄酱。

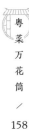
罗汉斋

即混元斋。油豆付（泡去油），山竹①（先滚熟），白果肉（炒过），蚝豉（去沙切件），香信（洗净），生笋（出水切片），云耳（洗净浸透），生百合（洗过），草菇（洗净沙）。先将蚝豉、生笋、云耳、白果、百合、油豆付齐下锅，和水炖之。锅心下正菜一大子同滚。加熟油四两同炖至煤后，下草菇滚匀，加白油一杯，拌匀上碗，用些瓜菜同会亦可。切不可用金菜、付乳、面酱等件，嫌其不雅也。此法得自淡谷禅师。味浓和。

十香饭

糯米洗净，用虾米、腊肉、正菜、香信、脆花生肉等件切粒，同和水并熟油煲熟。加煎鸡蛋、葱白、五香豆付、烧鹅皮共切碎拌匀。下油煎之，上碟。味香甘软滑。

荷包饭

用顶上油占米，洗净，熟油拌匀，和虾米、叉烧、火鹅皮、香信、熟栗肉用和匀。用荷叶包住隔水蒸至熟，取起拌匀。食之香甘，莞人②常用此法。

---

① 山竹：枝竹。
② 莞人：广东东莞人。

荷包饭

制蚬介①

大蚬生去壳取肉，勿浸水，用筛格干水气，将砵载住蚬肉一斤。炒盐三两、生姜二两炒过，生果皮②五钱、切粒白豆四分炒香，八角四粒同豆炒，双料酒三两，将蚬肉并材料拌匀。用些蚬肉汁同拌入罂，熟油封口，俟十日间可食。味香滑而野。

制柚皮

柚皮水泡去清苦味。柚皮一个、膏汁四两、豆豉一两、原豉二两，舂极幼，格渣。朱油、白油三钱，黄糖一件，合和匀在柚皮上。隔水炖至极烂后，加炒芝麻和匀，皮上取食。味香而滑。

---

① 介：芥。
② 生果皮：这里特指橘子皮，即鲜橘子皮。

制杬子

用新油杬子①，取无盐者，每杬一斤，用白油六两拌匀，晒之。如白油尚刺，再浸再晒至干，入罂内，俟过热气取食。味香而和。若霜降后，不可买，恐有松香气也。

咸虾仁面②

仁面用油炒过，紧至青色为度，取起。约仁面一斤，用好咸虾四两，拌匀入罂，熟油封口。二日返③一次，如有水头出，滚过，俟停冻再入罂浸之，八日可食。味甚开胃。

豉仁面

先将仁面用刀戒④开，上面四索、下便勿使相离，用油炒过。每斤仁面用淡豆豉四两、盐三两，俱炒焦。研末，和芝麻及香料共为拌匀。兼在仁面索内入罂，用熟油封口，十日可食。味和而香爽。

制皮蛋

鸭蛋一百只，武夷茶四两，煎浓取汁。筛过石灰二

---

① 杬子：即榄角。
② 仁面：南方一种乔木的果子，貌似人面，味酸，可食。
③ 返：即翻动。
④ 戒：镂，剖开。

饭碗，筛过集灰七饭碗、盐十两，拌拌，和作团，分作百个，每只蛋用一个包住。用柴灰晒匀，放入缸内，四十日勿动，可食。如欲有花纹，竹叶灰、松叶灰、梅花灰和入柴灰内，即存花纹。

制腊肉

猪肉精肥各半，每斤用盐三钱擦匀，放在盆内醉过一宿。递朝[①]取起，以大热水拖过，挂爽。晒一日后，用好朱油和干酱擦匀，晒至干，入缸。或用纸封密，挂近烟火处。味自香美，冬前为佳。

腊猪头

猪笑面皮薄者为佳。用硝盐擦过皮，腌至过夜。取起，用大热水洗过，挂日头处，略晒干。用朱油、汾酒、干酱搽匀，晒干，入缸数日方可食。味香爽，食时须要片薄。

腊猪肠

用肥肉少、瘦肉多切碎，每斤用盐三钱、朱油、汾酒、生果皮丝和匀入肠内，扎住，以针刺之，晒干入缸。猪肠要细条的，去清膏衣乃可。初入起晒时，用热水淋过方可晒，取其鲜明。必遇好北风腊之，若同便不佳矣。

---

① 递朝：即第二天早上。

腊猪润

取干水猪润原件，针刺过。用盐腌去血水，晒一日夜。用姜汁、汾酒、白油腌之，再晒至夜间，用砖责实[①]，次日又用所余姜汁酒腌之，晒至干透入缸，数日可食。蒸熟，兼腊肉上。味甘香。

金银润

先将猪润切成大长条，中穿一大眼。用盐腌去血水，晒一日。用姜汁、汾酒、白油腌之，中间入肥腊肉一条，挂当日处晒干，入缸。蒸熟，切片，肥肉自然相贴不离。味甘香。

腊肉豉

凡肥肉豉不可晒十分干，太干则坚木，不可食。用肥胸肉切厚块，每斤用盐二钱五分，好朱油搽匀，晒干入缸。味香。此物只初起北风腊便可，至冬时则有腊肉，无用此也。

腊猪心

猪心切开如一块样，用盐腌去血水。晾干后，用白油、汾酒搽匀，晒至九五干便可入缸。蒸熟，切薄片食之。味甘香。

----

① 责实：压结实。

金银肠

用猪润切片，盐腌去血水。猪肥肉切件，多些瘦肉，汾酒、朱油、生果皮丝，每斤盐二钱和匀入肠内，扎好。针刺过，热水淋过，挂起，晒干入缸。数日方可食，味更甘香。

腊猪肚

取近蒂处，切开如成块，用盐腌去水气后，用汾酒、姜汁、白油拌匀，晒至九五干便可入缸。蒸熟，切薄片，味香而爽。不可晒至极干，恐其不爽也。

腊脚包

用鸭掌拆骨，盐腌过。用鸭润切长条，姜汁、汾酒、朱油腌过，肥肉切长条。用鸭肠洗净，姜汁酒、豉油亦腌过，切五六寸长。一条肥肉一条润，将鸭掌包住，用鸭肠扎实。晒干入缸。蒸熟，味香而甘。

腊猪脚

用猪脚取细者，切开成块。先刮去毛，用盐及汾酒、白油腌过，晒干入缸。食时斩开，同蚝豉炖煁，或用生猪脚同炖亦佳。味甘香。

腊烧肉

斩至八两一段，用朱油、汾酒腌过，晒干入缸。如食时，斩块，同蚝豉煲熠。味极甘香。

腊棉羊肠

将羊肉切碎，用姜汁、汾酒腌过，和肥肉、朱油每斤用盐三钱和匀，照"腊猪肠"法便可。味更甘香。

腊鲮鱼

鲮鱼去鳞，开搌①，用盐腌过一夜，次早用热水淋过，晒干，埋缸。每条斩开三四件、去头，用糯米糟腌之入缸，用熟油封口，三五日可食。下饭蒸至紧熟便妙。味香甜而滑。

晾肉

每肉一斤，先用淮盐②二钱、熟盐钱半、白糖钱半、牙硝③五分擦匀，将肉先晒一日后，落好原豉五钱，杵④极烂。上朱油钱半、汾酒二钱，和匀涂在肉上。用纱纸封好，挂在当风处，候吹干便可食。常挂在檐边有风无日处，虽雨水天、南风亦不变坏，其法甚佳。外江人多用此法。

---

① 搌：即展，摊开。
② 淮盐：用五香粉炒的盐。
③ 牙硝：芒硝。
④ 杵：舂。